TRAITÉ

DES

VOITURES.

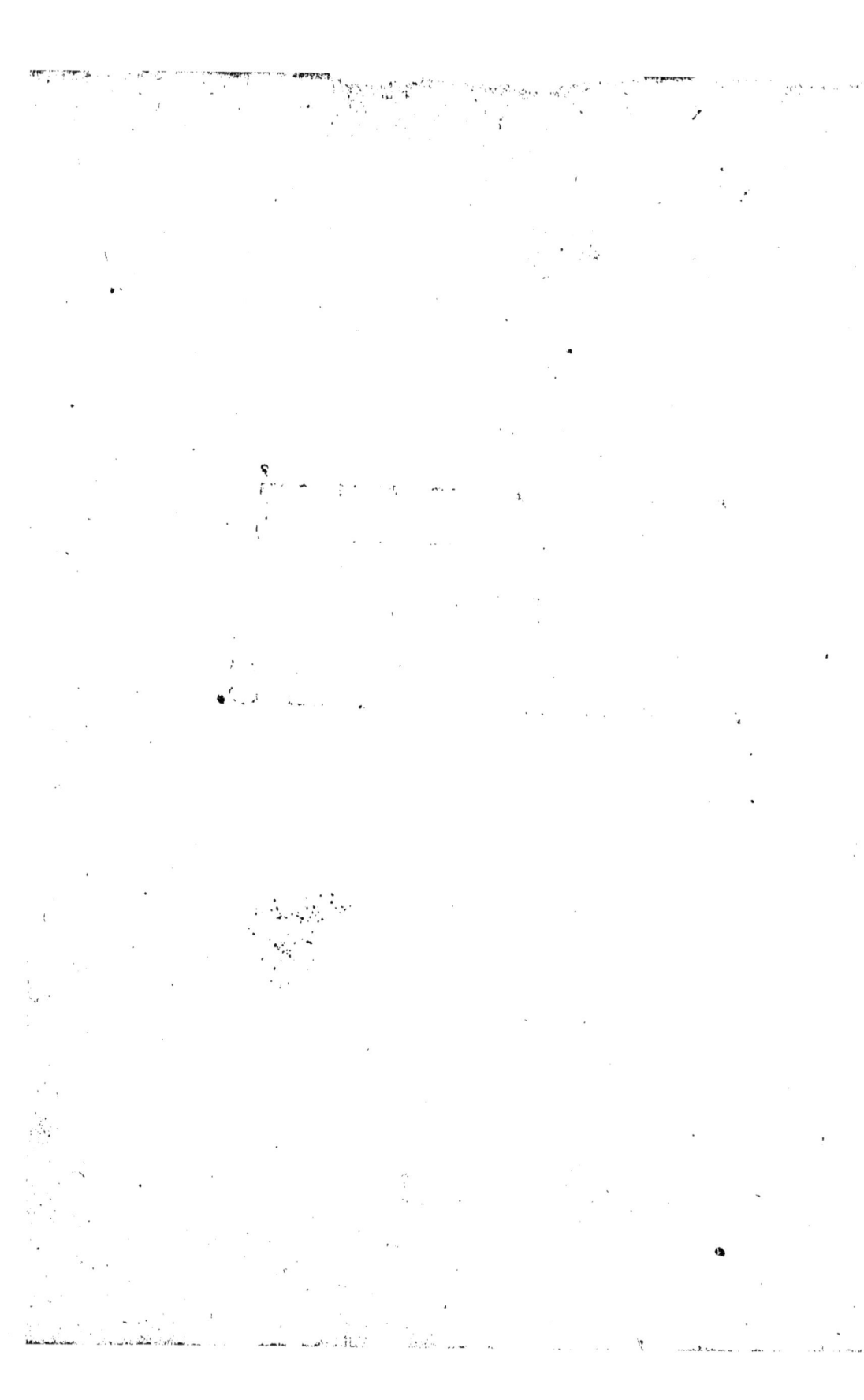

TRAITÉ
DES
VOITURES,
POUR SERVIR DE SUPPLEMENT
AU NOUVEAU PARFAIT MARÉCHAL.
AVEC LA CONSTRUCTION
D'UNE BERLINE NOUVELLE,
NOMMÉE
L'INVERSABLE.

(par Garsault)

A PARIS,
Chez LECLERC, Libraire, Grand'Salle du Palais,
à la Prudence.

M. DCC. LVI.
AVEC APPROBATION & PRIVILEGE DU ROI.

TRAITÉ

DES

VOITURES.

INTRODUCTION.

LE nouveau Traité que je mets au jour eſt unique juſqu'à préſent. Perſonne que je ſache n'a ébauché ſeulement cette matiere : il ne m'a donc pas été poſſible de travailler ſur aucun canevas précédent ; il a fallu marcher ſans guide, & raſſembler moi-même les matériaux, pour pouvoir parler d'une choſe, dont l'uſage eſt devenu extrêmement commun, ſur-tout pour la partie des Voitures qui ſervent à tranſporter les Citoïens d'un lieu à un autre, qui varient & ſe perfectionnent même tous les jours. A l'égard de celles qui ſont de toute antiquité, comme les Charettes,

A

Tombereaux , Banneaux &c., deſtinées à tranſporter les denrées ; la connoiſſance de leur conſtruction, ainſi que les termes des différentes parties qui
les compoſent , ſe trouvent renfermés dans les A-
teliers des Ouvriers deſtinés à les former. Le Traité
d'Artillerie de M. de S. Remi m'a ſeulement inſ-
truit des trains de l'Artillerie , & de leurs parties.
J'entreprends donc un ouvrage , où il y aura ſans
doute bien des choſes à ajouter par la ſuite , mais
qui donnera lieu à pluſieurs de connoître la méchanique des Voitures, les uſages de leurs pieces,
& qui leur tracera une voie qui les conduira plus
aiſément aux moyens de les perfectionner.

Je vais donc commencer par la plus ancienne
& la plus utile de toutes les machines , laquelle
a ſûrement donné la premiere idée des Voitures,
c'eſt la Charrue. Quoiqu'elle ne ſoit pas proprement une Voiture , elle a de commun avec elles
d'être tirée par des animaux domeſtiques , & d'a-
voir des roues. Mais avant tout , il eſt néceſſaire
de donner une entiere notion de la roue , par rapport à ſa conſtruction , comme étant le premier
véhicule de toutes les Voitures.

DE LA ROUE.

LA roue eſt le premier mobile de toutes les Voitures : il s'en fait de petites , de médiocres , de grandes , & de très grandes , depuis 1 pied de diametre juſqu'à 7 pieds & au-delà. Celles de 5 pieds quelques pouces ſont les plus communément employées : les petites ont ordinairement quatre jantes & huit rais ; les médiocres cinq jantes & dix rais , & les grandes ſix jantes & douze rais.

La roue eſt travaillée par le Tourneur , le Charron & le Maréchal groſſier.

Le Tourneur fait le moyeu , d'orme , de 13 à 14 pouces de long , ſur 8 à 10 pouces d'épaiſſeur , plus ou moins ſuivant la grandeur des roues : ſa forme eſt AA Figure 1er & 2e , Planche I.

Les moyeux groſſiers ſe font d'orme tortillart , qui eſt orme femelle , ſi contourné qu'il n'a point de fil , & eſt très dur. Ces moyeux ſont rouis dans l'eau & enſuite paſſés au feu pour les employer à de certaines grandes Charettes.

Le moyeu livré au Charron , il forme les jantes d'orme , ou à ſon défaut de hêtre ; les rais ou rayons , de cœur de chêne , bois de fente ; & les goujons , de cœur de chêne.

Le Maréchal groſſier fait & applique toute la ferrure comme bandes ou bandages , rivets , liens s'il y en a , frettes du moyeu , & cordons.

CONSTRUCTION.

Le moyeu tourné, le Charron commence par
percer, vers le milieu de fa longueur, les mortoifes
de la quantité de rais B qu'il y veut mettre. Il fait enfuite les tenons des pattes CC des rais, & évide
& figure les rais à la moitié de leur longueur D,
laiffant le haut B brut: il incline fes tenons de façon que tous les rais fortent en dehors, ce qui
s'appelle écouer la roue EE Fig. 2. Nous verrons
à la fin de cet article, la raifon pour laquelle on
écoue la roue, que je n'ai pas mife ici de peur
d'interrompre le fil de la conftruction. Enfuite il
chaffe les rais dans les mortoifes faites au moyeu.
Cela fait, il rend tous fes rais égaux du haut;
après quoi il travaille les tenons qui doivent entrer
dans les mortoifes qu'il fera aux jantes F: il acheve
enfuite d'évider chaque haut de rais jufqu'au milieu
en defcendant qu'il avoit laiffé brut: chaque jante
a toujours deux rais pour la foutenir. Il fait entrer
les tenons dans les mortoifes de toutes les jantes
qu'il a précédemment garnies de leurs goujons.
Un goujon fert à deux jantes: c'eft une cheville G
de cœur de chêne, ronde, épaiffe d'un pouce, &
longue ordinairement de 5 pouces. Il a précédemment enfoncé la moitié du goujon dans une jante à
un de fes bouts: à mefure donc qu'il fait entrer les
rais dans les jantes, il faut en même tems que
chaque goujon entre dans la jante voifine, ce qui

ferre le tout enſemble. Alors la roue eſt formée de
de la part du Charron ; il n'a plus qu'à percer le
moyeu, ce qu'il fera ſuivant la groſſeur de l'aiſſieu
qu'on lui aura fourni.

Il ne s'agit plus que du Maréchal groſſier : ſon
affaire eſt d'embattre, c'eſt-à-dire d'appliquer à
chaud, ſur le deſſus des jantes, ſes bandes de fer
LL, qui ſeront de demi-pouce d'épaiſſeur, ou ſon
bandage H de trois quarts de pouces d'épaiſſeur ;
de les faire tenir avec des clouds (*) ; d'ajoûter
les rivets M ou les liens N s'il y en a, & d'ajuſter,
ſur le moyeu, les cordons OO & les frettes PP,
c'eſt-à-dire deux cordons à chaque roue &
deux frettes. Chaque bande a cinq clouds vers
chaque extrêmité : le milieu de chaque bande couvre le joint de deux jantes. Le bandage a trois
clouds par deux rais, ſavoir un au-deſſus de chaque rais, & un dans le milieu qui eſt à vis & à
écrou.

Le Peintre applique enſuite ſes deux couches
de couleur, & la roue eſt prête à ſervir. Quelques
perſonnes font dorer les moulures de leurs moyeux,
& font tourner & dorer de pareilles moulures à
leurs jantes.

On écoue les roues, c'eſt-à-dire on fait biaiſer

(*) J'ai ajoûté des rivets M & des liens N à la roue Fig. 1, vue de
côté, quoiqu'on ne mette point de rivets avec des bandages, les rivets
n'étant deſtinés qu'à fortifier les jantes à leurs bouts pour empêcher
que les clouds des bandes ne les éclattent, mais ça a été à cauſe qu'ils ne
peuvent ſe voir à la roue Fig. 2, non plus que les liens, la roue étant
vue de face.

les rais en dehors, du moyeu aux jantes, à caufe des inégalités de terrein qui fe rencontrent fouvent dans les chemins, comme ruiffeaux de pavé, ornieres, pentes, &c. Tant que la voiture eft en chemin plat & horizontal, il eft certain qu'elle pefe également fur les roues droite & gauche, mais quand il faut qu'une des deux parcoure une pente, il eft conftant qu'alors la Voiture panchée pefe plus fur cette roue que fur l'autre. Mais les rais, paffant fucceffivement au-deffus du terrein panché, foutiennent mieux cette augmentation de poids·, parcequ'en ces inftans ils fe trouvent près de la ligne perpendiculaire qui leur donne la force du bois debout; ou autrement, quand le cercle des jantes eft à plomb, les rais font inclinés : & quand le même cercle incline, le rais d'en-bas le plus proche du terrein, approche ou gagne l'à-plomb, fuivant le plus ou le moins d'inclinaifon de la roue qui fuit le terrein panché.

DE L'AISSIEU ET DE LA VOIE DES ROUES.

Aissieux.

LEs Aiffieux fe font, ou de fer ou de bois.

L'Aiffieu de fer *a*, Figure 3, (Planche I.) eft forgé par le Maréchal groffier : il eft infiniment moins bon d'une feule barre que de quatre foudées enfemble, répliées enfuite par leur milieu, puis reſſoudées & étirées ſuivant la longueur qu'on doit donner à l'Aiſſieu qui eſt ordinairement de près de ſept pieds, pour que les bouts débordent les moyeux ; les Aiſſieux de fer ſont communément de deux pouces un quart d'équarriſſage. Les bouts qui doivent traverſer les moyeux ſont arondis & plus menus vers leurs extrémités, qui finiſſent par quelques pas de vis gagnant de gauche à droite à un bout, & de droite à gauche à l'autre. Voyez la Figure 3 en *b* & *c*. On viſſe à chaque bout dépaſſant les moyeux un écrou deſtiné à maintenir la roue en ſa place ſans l'empêcher de tourner. Il y a des Aiſſieux de fer, ſur-tout ceux de certaines Charettes, qui au lieu d'avoir à leurs bouts des vis & des écroux, les ont percés d'une mortoiſe dans laquelle on fait entrer une eſſe, eſpece de cheville de fer un peu courbe, avec ſa goupille, qui eſt un petit morceau de cuir qui l'empêche d'en ſortir. Cette eſſe retient la roue en ſa place.

L'Aiſſieu de bois, Figure 4, ſe fait d'orme ; il eſt de quatre pouces d'équarriſſage, & même davantage ſuivant la grandeur des voitures. Ses bouts ſont rapés & ronds, pour entrer dans les moyeux ; & comme le frottement de la roue ſe fait toujours à l'aiſſieu par-deſſous, on encaſtre le long du deſſous du bout rond, une bande de fer, *d d* appellée équignon : cette bande eſt terminée à un bout par un crochet quarré *e*, qu'on fait entrer dans la partie quarrée de l'aiſſieu, & par une frette qui tenant à

la bande, en entourre le bout en *f.* Ce bout eſt
hors du moyeu, & c'eſt à travers cette frette qu'on
met une eſſe. On garnit auſſi les deux bouts du
moyeu en dedans, de deux anneaux de fer plat,
qu'on nomme des boîtes, pour éviter que le bois
ne s'uſe contre la bande de fer *d d.* Les Car-
roſſes de voiture & les affuts de Canon ont des
aiſſieux de bois, à cauſe de la commodité d'en faire
par tout Païs, quand ils viennent à manquer.

V o i e s.

La Voie de toutes eſpeces de voiture eſt la
diſtance à terre de deux roues enfilées aux deux
bouts du même aiſſieu. Aux Voitures à quatre roues,
la voie des roues de devant doit être abſolument
égale à celle des roues de derriere. Les voies ſont
ordinairement depuis quatre pieds, juſqu'à cinq
pieds, & quelquefois au-de-là. La voie des Charrues varie ſuivant les Païs, depuis deux pieds juſqu'à trois.

Il y a des Charettes qui élargiſſent, ou étreciſſent
leurs voies par plus ou moins de rondelles de fer
g enfilées dans les bouts des moyeux, derriere la
roue pour élargir, & devant pour étrecir.

Les Haquets entourent auſſi par la même raiſon
le commencement du bout de l'aiſſieu de pluſieurs
tours de groſſe corde, ou pour mieux, ils y font
entrer une flotte de bois.

LA

Fig. 1.re

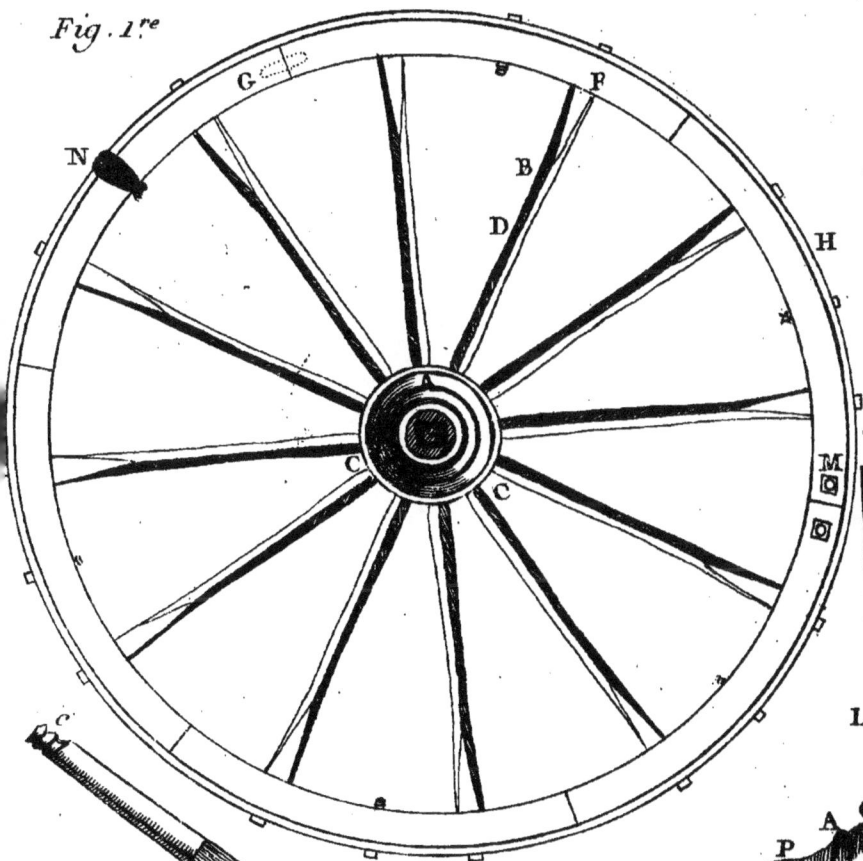

Fig. 2.

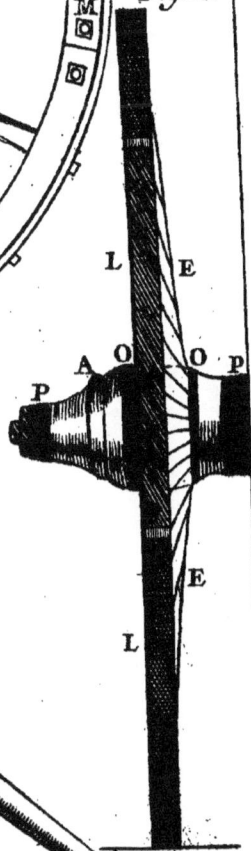

Fig. 3.

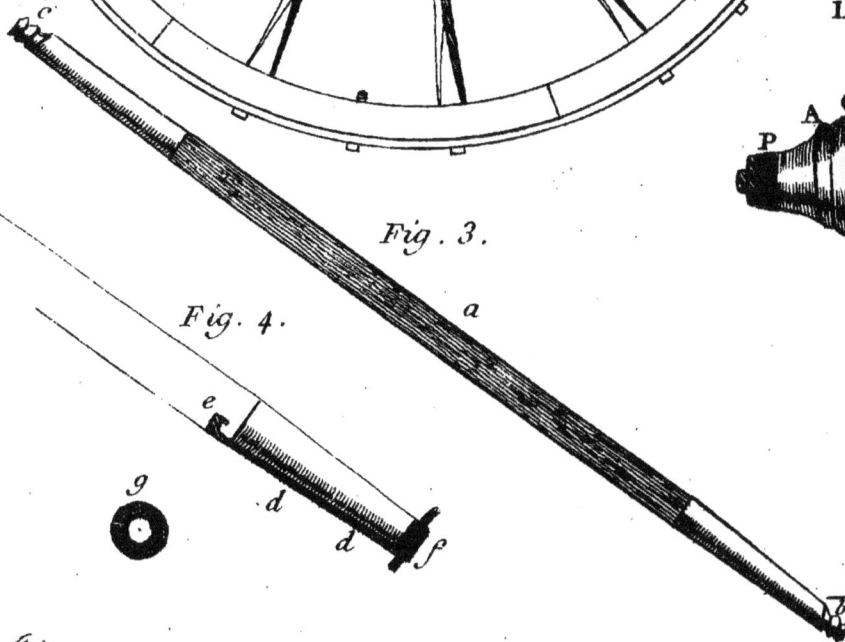

Fig. 4.

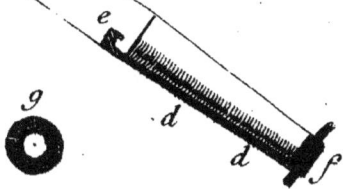

LA CHARRUE.

LEs Charrues peuvent être divifées en deux efpeces générales : Charrue à roue ou rouelles, &
Charrue fans roue. (Planche II.)

Les Charrues à roues, ainfi que celles qui font
fans roues, qui felon toute apparence doivent
avoir été inventées les premieres, font pour l'effentiel compofées des mêmes parties, auxquelles
on donne plufieurs formes, fuivant les Pays, mais
qui arrangées fur le même fyftême operent toutes
les mêmes effets. Ces effets font de couper la terre
plus ou moins profondément, & de la renverfer
d'un même côté ou de deux en même tems, à droite & à gauche.

C'eft l'avant-train qui eft fupprimé aux Charrues
fans roues ; du refte, à quelques différences près,
c'eft la même chofe qu'aux premieres.

Nous allons commencer par les Charrues à roues,
comme étant les plus communément employées,
& parler d'abord de leur avant-train.

Les roues ou rouelles A A, Figure premiere,
ont ordinairement trente pouces de haut, on ne les
ferre point. Il y a des Pays où on fait les rouelles
tout de fer, prétendant qu'elles fe chargent moins
de terre. Elles ont, fuivant les Pays, depuis deux
jufqu'à trois pieds de voie ; leur aiffieu eft de fer
terminé par des effes. Cet aiffieu perce au travers

B

d'une piece de bois un peu courbée en haut, nommée le Teftard B, au bout duquel traverſe une
eſpece de volée nommée l'Epart C C : deux chevilles poſées ſur le bout du Teftard, & renverſées
du côté des roues, qui ſe nomment les Etriers R,
ſervent à attacher les traits d'en dedans des chevaux, comme les bouts de l'épart ſervent à atteler
ceux de dehors. Quelques-uns joignent à l'épart
des paloniers avec des chaînettes de fer deſſus
le teftard : d'autres chevillent une autre piece de
bois qui le dépaſſe en arriere, nommée le forceau D. Ceux qui ne mettent point de Forceau
ſe contentent de rendre l'épart plus fort & plus
long, ce qui fait le même effet. Les uns attachent
le colet G au forceau, les autres au bout alongé
du teftard. Ce colet eſt un morceau de bois plat
& aſſez large, qu'on recourbe en arcade. On attache ſes deux branches au moyen d'une cheville
de fer vers le bout du forceau en H, ou du teftard
ſi on n'a point mis de forceau, & qu'on ait alongé
le teftard juſqu'en H. Ce colet ſervira à joindre
l'avant-train à l'arriere-train, comme nous dirons
ci-après.

Vers le deſſus de l'aiſſieu on attache aux pié-
ces-ſuſdites une planche quarrée poſée debout,
ou ſimplement deux montans & deux traverſes,
l'une près du bas qui eſt immobile, l'autre en haut.
Cette piéce ſe nomme chevalet ou ſellette E. On
peut gliſſer cette traverſe d'en haut, haut & bas.
Elle eſt un peu échancrée en rond à ſon milieu

supérieur ; elle coule le long de deux fortes chevilles de bois ou de fer, nommées les scies F F.

L'arriere-train est composé de l'age ou â, espece de timon rond qui est enfoncé en panchant dans le mancheron, & dans la piéce de bois au bout de laquelle est le soc de fer M. Les manches L L sont attachés à ses côtés. Le coûtre K passe au travers, & panche vers le soc : c'est une espece de couteau de fer.

Maintenant pour que l'arriere-train soit joint à l'avant-train, il faut que l'arcade du colet G embrasse l'age ou â, qui va ensuite se reposer sur l'échancrure ronde de la sellette ; qu'il soit arrêté en la place où on le veut par une cheville de fer, qu'on nomme le trempoir N. Cet age a plusieurs trous, où on peut faire entrer le trempoir qui sert à hausser ou baisser le soc, suivant le trou où on le met, & les rondelles de fer qu'on ajoute, ou qu'on ôte. Il y en a qui au lieu de colet se servent d'une chaîne de fer qu'ils nomment chaîgnon, terminée par un anneau de fer qui sert de colet : alors la cheville qui sert de trempoir s'appelle happe. Il y a encore d'autres manieres de former cette piece, mais toutes reviennent au même.

Le soc est de bois épais de deux pouces & demi nommé le sep V, & de fer encastré au bout du bois. Il ressemble à la moitié d'un fer de dard ou javelot coupé en long, quand on ne veut y ajouter qu'une oreille ; au fer entier du javelot quand on met deux oreilles ; & au bout d'une lancette, lorsqu'il n'y a point d'oreilles.   B ij

L'oreille eſt une planche épaiſſe qui s'ajuſte par des chevilles au côté du ſoc. Elle eſt un peu creu-ſée & contournée en dehors, s'éloignant des man-ches, & vient ſe poſer où le fer du ſoc commen-ce à ſe découvrir, faiſant la figure qui eſt marquée par les lignes ponctuées.

La manœuvre de toutes ces pieces, & 1°. du teſtard B eſt d'atteler les chevaux & de tenir l'aiſ-ſieu des rouelles A A ; le forceau D fortifie le teſ-tard ; la ſellette E ſoutient l'â, qu'elle éleve ou abaiſſe pour contribuer à faire piquer le ſoc plus ou moins ; le colet G fixe l'â & contribue auſſi au moyen du trempoir N , à faire piquer plus ou moins le ſoc en terre, ſuivant le trou de l'â où on le fait entrer ; le coûtre K ſépare de côté & d'autre la terre que le ſoc M a élevée ; l'oreille qui vient enſuite releve cette terre coupée & l'é-loigne : le Laboureur ayant les deux mains au bout des manches en L L , gouverne le ſoc & fait aller toute la machine. On attele aux Charrues plus ou moins de chevaux, bœufs ou ânes.

La longueur d'une Charrue à roues eſt d'envi-ron ſix pieds de R en L L.

CHARRUE SANS ROUES.

La Charrue ſans roues n'eſt autre choſe que l'arriere-train d'une Charrue ordinaire. Les bœufs ou vaches ſont attelés par un chaînon de fer à l'a-ge. Ce chaînon ou chaîgnon A (Figure ſeconde) a un anneau arrêté , comme les précédentes , à l'a-

Fig. 1.re

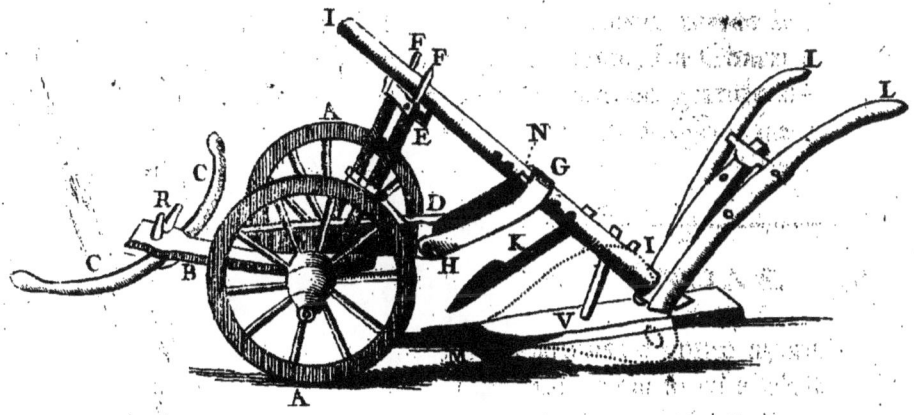

Rondelle

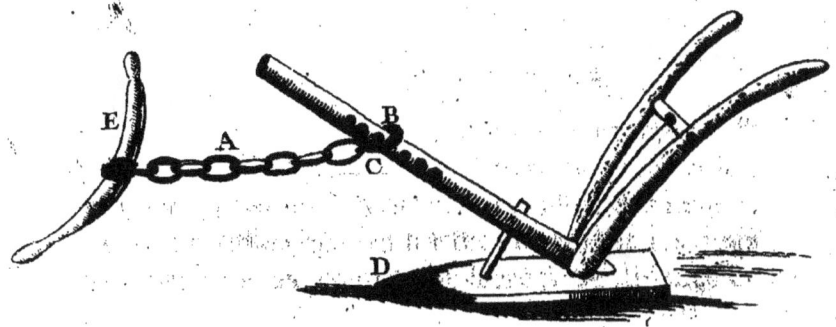

Fig. 2.

ge B avec une cheville ou happe *c*. L'age eſt re-
courbé en bas ; au bout eſt ce chaînon où tient
une longue perche, au bout de laquelle eſt le joug
des bœufs; & pour les chevaux on met à l'autre
bout un épart E pour les y atteler. Communément
ces Charrues n'ont point d'oreilles, & le ſoc D ſe
termine en pointe de lancette. Cette eſpece de
Charrue eſt très utile dans les Païs chauds & de
montagnes, dans leſquelles ſont toutes terres légeres que le ſoc ne fait qu'écorcher. La Charrue
monte, deſcend & paſſe par-tout avec grande ai-
ſance : le Laboureur ſouleve les manches pour faire
piquer le ſoc.

DES AFFUTS DES CANONS.

JE place ici les affûts des Canons, comme ayant
quelque ſuite avec la Charrue, à cauſe que c'eſt
une voiture aſſez baſſe & qui n'eſt deſtinée qu'à un
ſeul uſage. Il y a de trois ſortes d'affûts : affût de
Campagne, affût de Place ou Marin, & affût de
Mer ou de Marine.

AFFUT DE CAMPAGNE.

L'affût de Campagne B (Figure premiere &
ſeconde, Planche 3), eſt monté ſur des roues
médiocres, ſolides, & bien ferrées avec des liens *c*,
ayant un aiſſieu de bois ſur lequel poſent les deux
flaſques *b b b*, & également ferrées de diſtance en

diſtance par des liens *o o o*. L'eſtampe montre la
forme de ces flaſques, qui ſont comme deux eſpeces de brancards, dont le bout *d* qui ſe nomme
talon ou croſſe de flaſque, s'appuïe à terre ou ſur
des planches poſées à terre : ces flaſques ſont creu-
ſées en demi rond à l'endroit *m*, pour poſer dedans les anſes de la piéce de Canon, qui ſe nomment les tourillons. A côté, en arriere de cette
place des tourillons, eſt un gros cloud nommé
heurtoir *n*, qui fortifie la flaſque contre le recul
du Canon A dans le moment qu'il tire. Pour joindre & arrêter les flaſques enſemble, il y a de diſtance en diſtance quatre traverſes, la premiere *e* du
plan, Figure 2, ſe nomme entretoiſe de volée;
la ſeconde *f* entretoiſe de couche; la troiſieme *g*
entretoiſe de mire, & la quatriéme *t t* entretoiſe
de lunette, au milieu de laquelle, eſt un trou deſtiné à paſſer dedans la cheville ouvriere d'un avant-
train, dont nous parlerons ci-deſſous. Ce trou eſt
entouré d'une rozette de fer *r*. Cette rozette tient
un gros anneau de fer nommé anneau d'embreſla-
ge *q*, qui doit ſervir à ſoulever l'affût pour y ajouter l'avant-train. La ſemelle S, qui eſt une plan-
cheïeure ſur laquelle repoſe la piéce de Canon,
eſt clouée d'un bout à l'entretoiſe de volée *e*, & de
l'autre à l'entretoiſe de couche *f f*. Le deſſus des
flaſques eſt ferré de bandes de fer, dont une à chaque flaſque, nommée ſuſbande *i*, garnit depuis le
bout de devant au-deſſus du crochet de retraite *h*,
juſqu'à la place des tourillons *m*. L'autre depuis le

heurtoir *n*, qu'elle embraffe jufques vers le deffus de l'affemblage de l'entretoife de couche *f* : celle-ci fe nomme le contreheurtoir *l*, parcequ'elle le fortifie & le foutient. Le bout de derriere eft pa-reillement garni à chaque flafque d'une bande de fer *p*, nommée bout d'affût de lunette : elle paffe fous un des liens & fe termine peu après.

Comme ces piéces de Canon fuivent ou accompagnent les armées en campagne, pour fervir dans les combats, il faut y atteler des chevaux : c'eft pour cet effet qu'on fe fert d'un avant-train, différent de ceux que nous décrirons par la fuite. Au moyen de cet avant-train, qui cependant eft proprement un arriere-train, puifqu'il tire le Canon à reculon, la piéce eft attelée, & peut faire chemin.

Cet avant-train eft à limoniere. Sa conftruction (excepté la limoniere dont nous parlerons par la fuite,) eft une fellette *a*, (Figure 5). Cette fellette pofe fur l'aiffieu *m* qui eft de bois : elle y eft arrêtée par deux frettes de fer, nommées les étriers *n* qui embraffent quarrément *leurs deux* extrémités. La cheville ouvriere *c* paffe tout au travers de la fellette & de l'aiffieu ; & de peur que, lorfque l'avant-train fera en fa place, les frottemens n'ufent le bois du haut de la fellette, on garnit ce haut d'une bande de fer large & figurée, qu'on nomme la plaque *bb*. La limoniere eft affujettie à la fellette & à l'aiffieu par deux chevilles de fer traverfantes nommées les faies *ff*, les deux bouts de la limoniere fortent en *h h*, où ils font arrêtés par deux autres chevilles *d d*; l'aiffieu a des équignons *e e e e*, (voyez la Planche I.) & des bandes de fer courtes au nombre de quatre, pour fortifier l'affieu, nommées brébans *k k*. Les bouts *o o* de l'aiffieu doivent entrer dans les moyeux des roues. Quand on veut atteler, il ne s'agit que de faire entrer la cheville ouvriere, dans le trou de la lunette de l'affût, & tout eft prêt à marcher.

AFFUT DE PLACE.

L'affût de place, Fig. 3, qui ne fert que dans les Villes fortifiées, eft plus fimple que le précédent: il eft compofé de flafques *b*, telles qu'elles font deffinées, & de leurs entretoifes; mais au lieu de roues, ce n'eft que des roulettes X.

AFFUT DE MER.

L'affût de mer, de marine ou de bord, qui n'a d'ufage que fur les vaiffeaux ou autres bâtimens de mer, eft à quatre roulettes X X, Fig. 4. Ses flafques *b* fe terminent par quatre ou cinq marches *y*, deftinées à appuïer les leviers avec lefquels on fait baiffer la piece pour la pointer.

TRAINEAU.

J'ai mis ici la defcription du Traîneau, quoiqu'il ferve à traîner des ballots de différentes efpeces, parceque fon ufage eft auffi de traîner les boulets, poudres, &c. dans les parcs d'artillerie. Il eft

compofé

Fig : 1.ʳᵉ

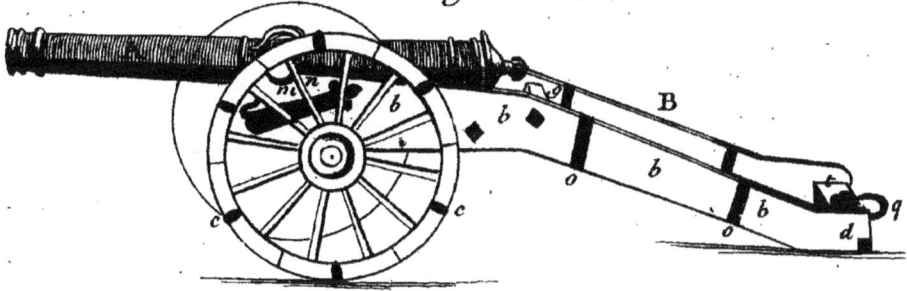

Fig . 2 .

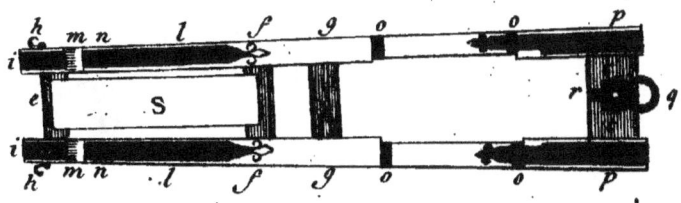

Fig . 3 .

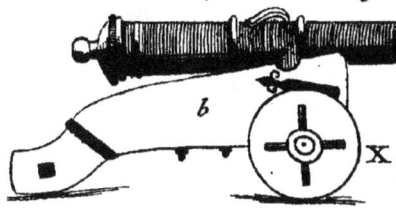

Fig . 5 .

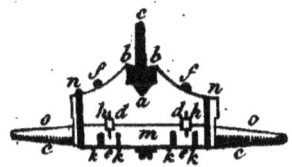

Fig . 4 .

Fig . 6 .

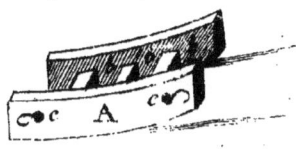

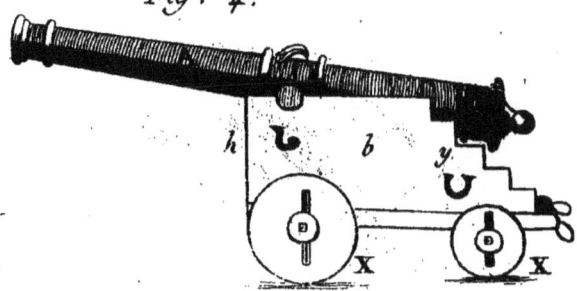

compofé de deux flafques, brancards ou côtés A, Fig. 6, & de plufieurs entretoifes *bbb* qui les affemblent. On attelle les traits de corde des chevaux aux crochets *cc*. Il y a des endroits où le traîneau fe nomme poulin.

DES VOITURES EN GENERAL.

LEs Voitures, en général, fe réduifent à trois genres : Voitures à une roue, Voitures à deux roues, & Voitures à quatre roues. Les Voitures à trois roues ont été tentées, mais elles n'ont pu jufqu'à prefent devenir utiles : j'en dirai un mot entre les voitures à deux roues, & celles à quatre roues, pour qu'on fache à-peu-près ce que c'eft, & pourquoi elles n'ont pas réuffi.

Ces trois genres fe divifent en plufieurs efpeces; pour les voitures à une roue, les Brouettes font les feules.

Pour les voitures à deux roues; les différents Haquets, les Charettes de plufieurs efpeces, les Tombereaux, les Banneaux, les Fourgons, les caiffons, &c. les Chaifes de pofte & autres Chaifes.

Les Voitures à quatre roues comprennent les Chariots de plufieurs façons, Coches, Cabas, Diables, Wourft, Caroffes, Berlines.

La baze des voitures à deux roues eft un aiffieu, deux roues, deux limons, ou deux brancards. Celle des voitures à quatre roues confifte en deux aiffieux ; quatre roues, deux petites devant, & deux

C

plus grandes derriere ; un avant-train , & une fléche, ou deux brancards, qui lient le train de devant à celui de derriere.

Il ne se construit que de deux sortes d'avant-trains : l'un se nomme grand train, & l'autre train ou avant-train ordinaire. De ce dernier, il s'en fait de deux especes, ou plutôt à deux fins : l'un s'attache à demeure à la voiture ; l'autre s'en détache quand on veut , & reste seul. Celui-ci est destiné à être ajouté aux brancards, ou limons, de toute voiture à deux roues , qu'on veut rendre voiture à quatre roues : on adapte aux avant-trains un timon quand on veut atteler les chevaux deux à deux , ou une limoniere, quand on les veut un à un l'un devant l'autre.

Une seule espece de voiture n'a pour baze que deux brancards dépassant la voiture par devant & par derriere, de façon qu'on puisse atteler un mulet ou un cheval devant, & un derriere. C'est une litiere, d'où est venu ce qu'on appelle un Brancard, & la Chaise à porteur ; comme des voitures à deux roues & à deux limons, est provenu ce qu'on nomme Vinaigrette ou Brouette. Les deux dernieres sont portées ou tirées par des hommes, pour transporter les habitants des Villes, d'un quartier à un autre, & ne peuvent servir qu'à cette destination.

Les formes des voitures varient & changeront à l'infini ; mais l'ouvrage du Charron , qui est les trains ne peut varier que sur les sculptures ; les bazes étant immuables : c'est ce qui sera expliqué plus au long par la suite. Ainsi toutes voitures, sui-

vant leurs deftinations, fe reffemblent par les trains.
Les grandes variétés ne s'exécutent que fur les
corps, felon le befoin ou l'envie qu'on a de les varier, ou fur les ornemens qu'on veut y ajouter, ce
qu'il n'eft pas poffible de détailler.

DES VOITURES A UNE ROUE.

BROUETTE.

ON peut appeller la Brouette une petite voiture : elle eft très utile pour tranfporter à peu de
diftance tout ce qui peut tenir dedans ou deffus :
elle fert principalement aux bâtimens & dans les
jardins, foit pour des pierres, du mortier, des
terres, du fumier, &c. des échalats, lattes, perches, bois, &c. C'eft la feule voiture qui va pour
ainfi dire à reculons ; car les autres font tirées, &
celle-ci eft pouffée. L'homme qui la tient la fait
marcher devant lui. Elle eft compofée d'une feule
roue A A, Pl. III*, dont le moyeu B B eft en olive
alongée par les deux bouts. On plante les rais C C
dans le plus épais de l'olive, qui fe trouve être le
milieu. On les plante droites : quatre jantes terminent la roue, qui eft conftruite fans aucune ferrure.
Cette roue a environ un pied & demi de diametre :
on fait deux limons ou brancards de 5 pieds à 5
pieds & demi de long, & un peu cambrés DDD,
on les affemble à deux pieds ou environ l'un de
l'autre, par deux ou trois barres d'enfonceures,

dont on voit les bouts E E E : on y ajoute deux pieds F F. Un des bouts de chaque limon, deſtiné à être pris par l'homme, a une hoche ou crochet G G, pour empêcher qu'il ne gliſſe dans la main : l'autre bout de chacun eſt percé d'un trou de tarriere H : on doit paſſer l'aiſſieu au travers de ces deux trous. Cet aiſſieu n'eſt autre choſe qu'une tringle ou cheville de fer *i*, terminée d'un bout par une tête ronde L, & de l'autre par une fente M, dans laquelle on fait entrer une clavette quand l'aiſſieu eſt en place, de peur qu'il n'en ſorte. Quand on veut monter la Brouette, on n'a qu'à enfiler avec l'aiſſieu les limons & le moyeu de la roue, qui doit remplir l'intervalle entre les deux limons, & poſer la clavette de fer.

On conſtruit le ſur-plus ſuivant l'uſage auquel on deſtine cette voiture ; ſi on veut par exemple, tranſporter du ſable, de la terre, &c. on attache ſur les barres une planchéieure O, & ſur chaque limon un côté ou joue de planches N. La planchéieure O, ſe nomme enfonceure. On éleve une autre enfonceure en face de la roue, qu'on nomme l'enfonceure de devant ; on la termine en haut par une piece de bois plus épaiſſe & taillée en rabattant par les deux bouts ſuperieurs, on la nomme le frontier P ; & pour ſoutenir tant cet aſſemblage que les côtés ; on fait entrer à chaque bout de longues chevilles de bois, ſavoir une *q*, qui coule le long du bout des joues, & l'autre R R, en arboutant : on enfonce ces chevilles dans les limons. La cheville R, prenant du plat du frontier par-devant, l'étaie & le foutient, avec raifon, car le devant doit fupporter principalement la charge qu'on met dans la Brouette ; les planches d'à-côté, qu'on a établies fur chaque limon, font maintenues par une barre S.

Cette Brouette eft fermée de trois côtés, afin que ce qu'on y met ne fe répande pas : mais fi on veut voiturer des bois, des échalats, &c. ou autre chofe folide qui ne puiffe pas fe répandre, alors on ne fait point de côtés aux Brouettes, & on les conftruit à claire voie, fans enfonceure, fans côtés, & au lieu de l'enfonceure de devant, on ajoute des roulons ou chevilles *aaa* qui foutiennent le frontier, afin de la rendre la plus légere que faire fe peut.

Quand la Brouette eft chargée, l'homme la prend par les bouts G G des limons, la fouleve de terre, & la fait marcher devant lui.

Il a été imaginé depuis peu une vraie Brouette, dans laquelle on s'afféioit. L'inventeur l'a fait exécuter, mais elle s'eft trouvée impraticable, comme beaucoup d'autres effais de toute efpece, qui n'ont pas eu meilleur fort. Le cheval qu'on attelloit au bout des brancards alongés fuffifamment, & tenus en place par un arc de bois fortement lié au milieu de la fellette, étoit étouffé par une ventriere qu'il falloit ferrer fi vigoureufement de peur que la fellette ne tournât, qu'il en perdoit la refpiration, s'arrêtoit tout court, ou tâchoit de fe délivrer de cette fituation fâcheufe en brifant tout, felon qu'il étoit paifible ou fougueux. Je crois que l'auteur s'en eft dégoûté.

DES VOITURES A DEUX ROUES.

DES HAQUETS.

LA plus fimple de toutes les voitures, eft le Haquet. En général il eft compofé feulement de deux limons, de deux roues, d'un aiffieu & de plufieurs traverfes nommées épars, qui joignent les deux limons, & de deux échantignoles pour maintenir l'aiffieu en fa place. La longueur des Haquéts varie, ainfi que leur largeur, fuivant les ufages auxquels on les deftine ; de plus ou on laiffe les épars feuls, ou on les couvre de planches, de perches, &c. felon les fardeaux dont on veut les charger, foit tonneaux, ballots, pierres, &c.

Le Haquet fimple eft en profil, (Fig. A, Planche IV), & à vûe d'oifeau, (Fig. B).

B B B B, Les deux Limons arrondis.

C, Echantignole, une à chaque roue.

D D, Burettes attachées aux épars.

E E, (Fig. B), les Epars.

Œ, (Même Fig.) l'Aiffieu.

Les lignes ponctuées, font des planches fur les épars.

HAQUET A BASCULE, ET A LIMONIERE.

Il fe fait une autre efpece de Haquet à bafcule,

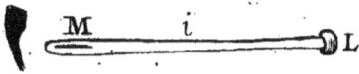

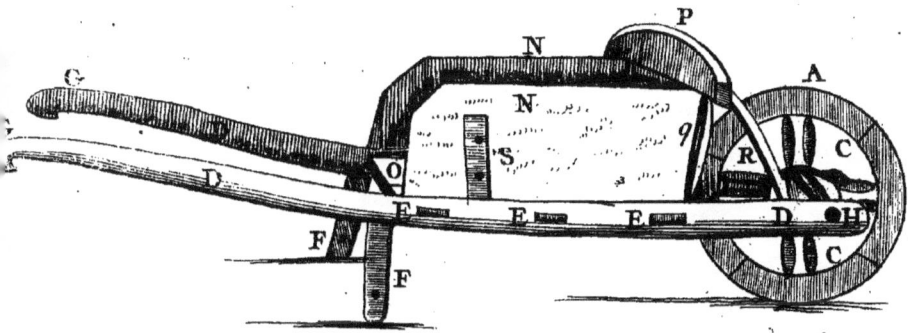

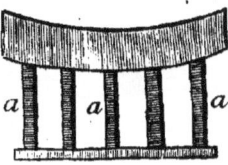

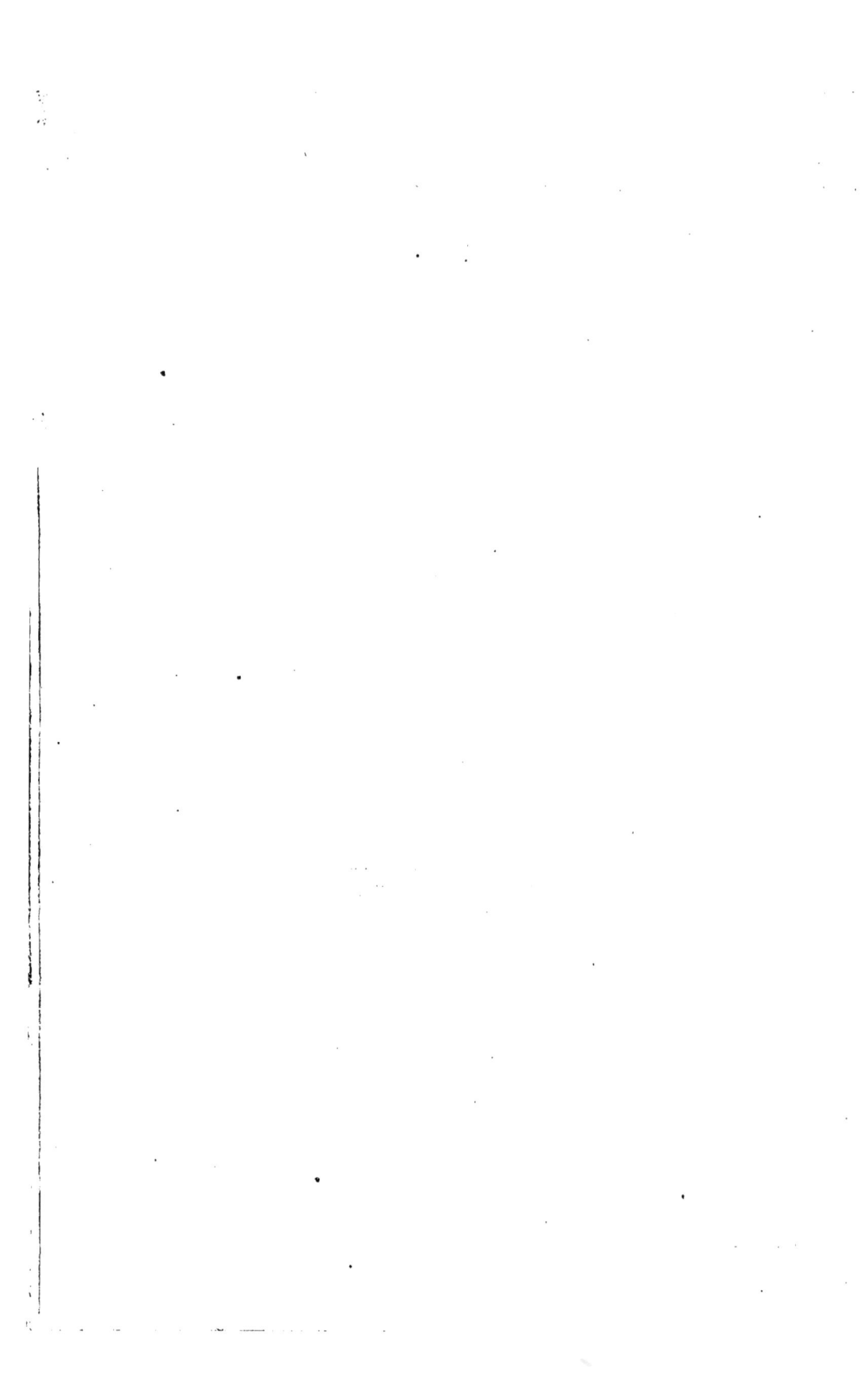

plus compofé que le précédent : c'eft de cette efpece dont les Braffeurs de biere fe fervent communément. Les Voituriers de vin s'en fervent auffi :
on en fait de toutes grandeurs pour différentes
denrées. Je vais ici décrire celui de Braffeur,
comme le plus ufité. Ces Haquets font montés bas,
parceque les roues n'ont gueres plus de quatre
pieds de haut, & qu'ils ne voiturent que fur le
pavé. Ce qui fait à ces voitures l'office de limons
fe nomme poulins ; ce font deux pieces de bois,
équarries, de fept à huit pouces de large par le côté, & de quatre pouces d'épaiffeur ; elles ont environ quinze ou feize pieds de long. Le deffus eft
taillé en bifeau, qui defcend en dedans prefque
jufqu'aux épars qui les joignent. Le bas extérieur
de chaque côté eft évidé de diftance en diftance,
comme il paroît fur la Planche. Ces poulins font
bien plus près l'un de l'autre que les limons des
Haquets ordinaires, car il n'y a gueres plus de
huit à dix pouces entre les deux : mais l'aiffieu eft
auffi long que toutes les autres voitures ; & quand
on met les roues à la diftance de la voie ordinaire,
il fe trouve moyennant cela un vuide entre la
roue & le haquet, & elle ne pourroit demeurer
en fa place ; on garnit donc ce vuide en paffant
à l'aiffieu de chaque côté un morceau de bois rond
& creux, qui tient l'intervalle entre le poulin &
le moyeu de la roue ; ce morceau de bois fe nomme une flotte. On fait quelquefois ces flottes
exprès, mais plus fouvent on fcie en deux, par le

milieu des mortoiſes des rais, un moyeu qui a ſervi. C'eſt ce qui fait qu'on voit à la flotte comme
des creneaux du côté des poulins : d'autres font
des flottes de corde, c'eſt-à-dire, qu'ils entourent l'aiſſieu, juſqu'à la diſtance convenable, de pluſieurs tours de corde aſſez groſſe, qui empêchent
également le moyeu de ſe rapprocher du poulin.

Ces Haquets ſont à baſcule & à limoniere. A baſcule au moyen de la limoniere dans laquelle on
attelle le cheval. Elle eſt compoſée de deux limons ronds, qui tiennent aux poulins par un boulon de fer qui joint les deux limons enſemble, par
leurs bouts de derriere, après avoir traverſé les
poulins à leurs extrémités de devant. Cette limoniere eſt aſſemblée par un épars & un ſommier:
deſſus ces limons vers le devant des poulins ſont
attachées debout deux eſpeces de conſoles de
bois qu'on nomme des boîtes. La boîte du limon
gauche eſt ouverte, & la droite percée d'un trou
rond pour y faire entrer le noyau du moulinet,
après l'avoir placé dans l'ouverture de la boîte
gauche, dont un boulon de fer ou de bois l'empêche de ſortir. Le moulinet eſt donc compoſé d'un
morceau de bois rond que nous appellerons arbre
du moulinet, & de quatre bâtons pour le faire
tourner.

(*Fig.* C). *a a a*, Les deux Limons de la limoniere.

B, Bout de ſon Eſpart.

c, Boulon de fer.

d,

d, Sommier.

E E, Boîtes du moulinet, arrêtées fur la limoniere.

ff, Le Moulinet.

g g g g, Les quatre Bâtons du moulinet.

x, La Corde qui arrête le bâton au limon
gauche.

H H H H, Les deux Poulins.

m m, Les deux Bandes de fer traverfantes fous
les poulins pour les fortifier devant & derriere.

n n, Les Bandes de fer qui fortifient l'échantignole.

i, Flotte faite d'une moitié de moyeu.

l, Flotte faite exprès.

Fig. D, repréfente un Poulin à part.

c c c, C'eft le Bizeau de deffus du poulin, dans
lequel font percés plufieurs trous en biais.

b, Un renflement de bois vis-à-vis le paffage
de l'aiffieu.

d d, Les mortoifes des épars.

e, Le trou du boulon de la limoniere.

V, Cheville de fer à tête large pour arrêter les
pieces : elle s'enfonce dans un des trous percés
en biais dans le poulin.

HAQUET FARDIER.

Pour voiturer les poutres & autres bois de
charpente, longs & pefants, on conftruit des Ha-

D

quets exprès, fort longs & larges, à roues très
fortes & hautes, qu'on nomme Haquets-Fardiers,
ou Fardiers, tout court. On transporte l'aissieu &
ses échantignoles en différentes places, le long
des limons comme en *a a a*, (Planche V, Fig. A,)
pour y placer les roues, & gagner l'équilibre dans
la suspension des pieces ; & voici comme on le
charge par-dessous. Quand l'aissieu est convenablement placé, on fait reculer le Fardier au-dessus des bois de charpente qu'on veut enlever &
qu'on a précédemment mis sur des chantiers, &
après avoir placé une grosse buche ronde *f*, qu'on
nomme rouleau dans cette occasion, au-dessus
de l'endroit où on veut enlever & près de l'aissieu,
on passe sous les pieces en chantier une très forte
& grosse chaîne, dont après les avoir entourées
on fait passer les deux bouts par-dessus le rouleau,
& après les avoir joints l'un à l'autre par un fort
crochet, on passe un gros bâton ou perche entre
la chaîne & le rouleau, on pese à force sur le
bout de ce levier, & les pieces quittent terre : quand
elles font arrrivées à la hauteur convenable, on lie
tout de suite le bout du levier à ces pieces au moïen
de plusieurs tours d'une corde moyenne que les
charpentiers appellent dans cette occasion la vingtaine. On ajoute à ces grands Haquets quelques
ranches avec leurs ranchers de fer, pour soutenir
& étayer d'autre bois de charpente, qu'on met
quelquefois sur le Haquet.

a a a, Limons du Fardier, & en même tems

les trois places de rechange pour l'aiſſieu.

bbb, Poutres, ou fortes & conſidérables pieces de charpente: *c c* groſſe chaîne qui éleve les pieces.

f, Rouleau.

g, Levier qui paſſe dans la chaîne, & s'arrête ſous le rouleau.

H, La corde nommée ici la vingtaine, qui arrête le levier & embraſſe les pieces.

dddd, Ranches avec leurs ranchers de fer.

Chambriere.

A preſque toutes les Charettes & Haquets, on ajoute une Chambriere, qui n'eſt autre choſe qu'un bâton ferré par ſon bout le plus menu, d'une virole, & d'un anneau de fer dans un crampon. On fait entrer le crampon dans le milieu du deſſous d'un épars du devant ou du derriere Le bâton ferré a du jeu dans ſon crampon, ce qui fait qu'il tombe debout juſqu'à terre : il ſoutient dans cette ſituation la voiture qui peſe deſſus, & en ôte le fardeau au cheval du limon quand la voiture eſt arrêtée.

On releve le gros bout & on l'attache ſous la voiture par un anneau de corde, quand on ne veut point s'en ſervir. On voit cette Chambriere ſoutenant le Haquet en E, *Fig.* A, (Planche IV), & en F, *Fig.* C, (même Planche) au derriere du Haquet à baſcule.

D ij

Uſages des Pieces.

Les limons du premier Haquet ſervent à atteller un cheval entre deux ; & leur continuation avec les roues, l'aiſſieu & les épars, ſert à charger deſſus pluſieurs eſpeces de denrées, comme des tonneaux, des pierres, des ballots, &c. Les Haquets ſervent même de Charettes quand on veut, en y ajoutant ridelles, roulons, ranches, dont nous parlerons dans le Chap. ſuivant.

La deuxieme eſpece de Haquet ſert aux mêmes uſages. Les Braſſeurs les montent avec des roues baſſes de trois pieds & demi de diamettre : cela ne marche que dans les Villes ſur le pavé. On les monte ſur des roues hautes quand on veut qu'ils voiturent en Campagne. Aux premiers Haquets de Rouliers ci-deſſus, on arrange les tonneaux en travers, & à ceux-ci en long. Les trous de biais dans le bizeau des poulins, ſervent à arrêter les tonneaux à meſure qu'on les charge, parceque alors on a lâché le moulinet, & fait faire la baſcule au Haquet, ce qui fait poſer le derriere à terre, alors les pieces dont il eſt chargé coulent à terre quaſi d'elles-mêmes. Pour le recharger, on embraſſe la premiere piece qu'on veut charger, par une corde, qui, paſſant derriere, va des deux côtés rendre au moulinet : on le tourne, & la piece monte ; & pour qu'elle ne s'en retourne pas, on paſſe dans les trous des poulins la cheville de fer, à tête large, Fig. D marquée V (Planc. IV), une à chaque poulin, qui arboutent la piece, après quoi on lâche la

Fig. A

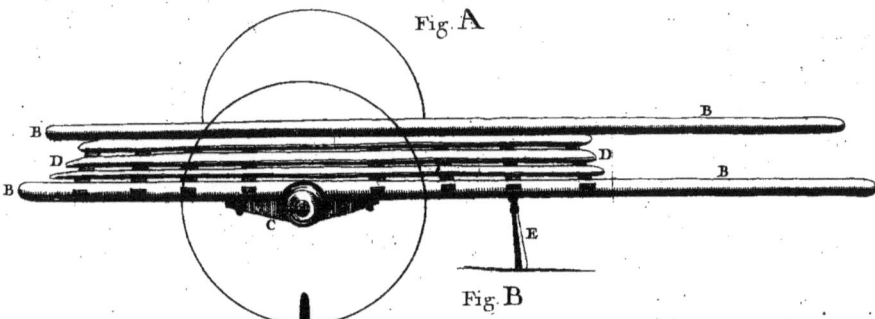

Fig. B

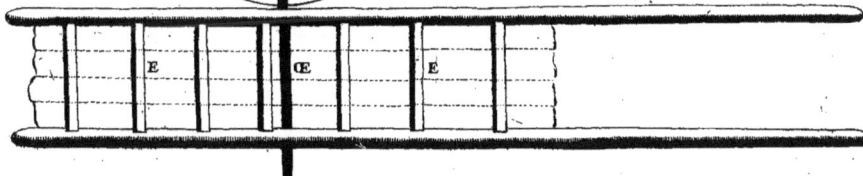

Fig. C

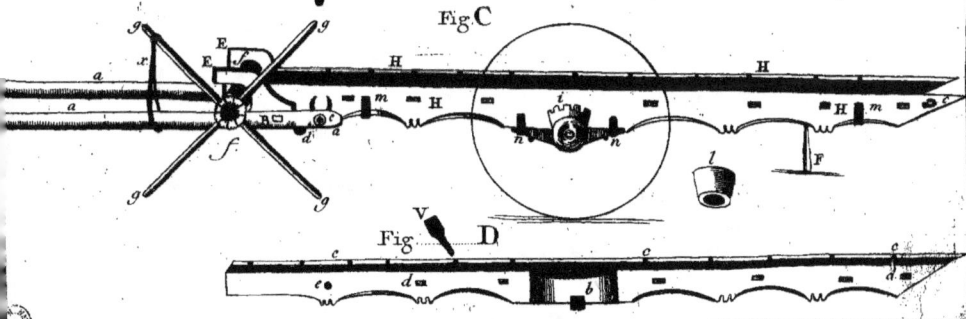

Fig. D

corde qui en va chercher une autre, qu'on fait monter de même, & ainſi de ſuite juſqu'à la fin. Quand
la voiture eſt chargée, cette double corde maintient le tout en ſerrant le moulinet qu'on arrête enſuite aux limons par une corde x qui tient à un des
bâtons d'une part, & à un limon de l'autre. Le
moulinet a toujours ſes bâtons à gauche de la voiture. Le centre d'équilibre ſur lequel tourne le
Haquet, eſt l'Aiſſieu.

DES CHARETTES.

CE qui conſtitue les Charettes, n'eſt pour ainſi dire que des Haquets auxquels on a ajouté des
ridelles & des roulons. Cela étant, une Charette
eſt compoſée, comme un Haquet de la premiere
eſpece ci-deſſus, de deux limons ronds avec leurs
échantignoles, d'un Aiſſieu, de deux roues, &
des épars de diſtance en diſtance pour coupler les
deux limons. Voici maintenant les parties qui
font de cette Voiture une Charette : c'eſt les roulons *aaa* &c. (Fig. B, Planche V.) enfilés dans les
ridelles *b b*, ce qui forme par les côtés une eſpece
de treillage. Les ridelles font des perches rondes,
d'environ deux pouces de diamettre, percées de
diſtance en diſtance également, ainſi que les limons, ſuffiſamment pour faire entrer de petits
morceaux de bois ronds, dont on fait un treillage avec les ridelles qu'on éloigne l'une de

l'autre, comme on voit dans l'eſtampe. Mais comme ce bâtis eſt trop foible pour ſe ſoutenir de lui-même, on attache, d'un limon à l'autre, vers les deux bouts, deux traverſes, l'une devant, l'autre derriere. Ces traverſes ſe nomment des ranchers R R, dans leſquels ſont emmortoiſés les ranches *d d* pour ſoutenir en place les ridelles & roulons. Vers la roue, on en met deux autres, qui, ordinairement, ſont de fer, c'eſt-à-dire une bande de fer tournée en demi-rond qui s'attache en dedans au même limon, & qu'on nomme rancher de fer comme on voit en *d* (Fig. A), & qui devroient être en RR (Fig. B) au lieu des ranchers de bois qu'on y a mis; mais c'eſt par des raiſons que l'on démontrera ci-après.

La Figure B offre pluſieurs détails de différentes Charettes : afin d'éviter la multiplicité des Eſtampes, toutes ces variétés ſont miſes enſemble, il s'agit de les débrouiller.

P A L A I S O T T E.

Depuis *a* juſqu'à A, on voit une Charette ordinaire avec ſes ridelles *bb*, ſes roulons *aaa*, ſes ranches *d d*. Lorſque cette Charetre a au-deſſus de la roue une perche courbée en arc qui ſe nomme un croiſſant *g* pour ſoutenir le foin, par exemple, afin qu'il ne deſcende pas ſur la roue, cette Charette ſe nomme Palaiſotte.

GUIMBARDES ET FAUSSES GUIMBARDES.

Voici les variétés venues à ma connoiſſance ,
qui ſe trouvent dans les différentes eſpeces de
Charettes. On ferme le devant & le derriere des
Charettes ſuivant le beſoin, par des traverſes chevillées dans la ridelle d'en haut ou du milieu. Ces
traverſes ſe nomment tréſeilles W. On y joint auſſi
des roulons & ridelles pour fermer tout à fait, qui
ſe nomment échaillons, ou par derriere des échelet-
tes y qui ſervent encore, étant miſes debout, à faciliter la deſcente des ballots. Il y a des Charettes,
ſur-tout celles qui voiturent de la paille ou du foin,
qui n'ont de ridelles, roulons, ranchers & ranches, que vis-à-vis de la roue. Les roulons ombrés
en déſignent l'eſpace. Au bout du rancher R, devant
& derriere, eſt chevillé un morceau de bois plat
qui s'éloigne des limons pour aller joindre un rancher long ff Fig. C qui les paſſe de beaucoup. C'eſt
à l'extrémité de ce rancher que ce morceau de bois
eſt chevillé. On nomme cet aſſemblage une herſe
PP. Tout l'eſpace qu'elle tient eſt vuide de roulons
& de ridelles devant comme derriere, ces herſes
donnent plus d'eſpace aux bottes de paille ou de
foin : & pour augmenter encore l'étendue de la
place, on fait entrer à tenons dans les limons, devant & derriere, des morceaux de bois panchés
en avant, entretenus par une traverſée nn. Cet attirail ſe nomme cornes de ranche mmmm. Une Charette ainſi conſtruite s'appelle une Guimbarde , &

celle dont les ridelles vont de *a* jufqu'en A , & qui
n'a que les cornes de ranches *mm* feules , s'appelle fauffe Guimbarde. La Figure C eft le plan d'une
Guimbarde. La raifon pourquoi les ranchers de fer
ont été mis aux extrêmités de la Charette (Fig. B),
quoiqu'ils foient toujours au milieu dans les Charettes fimples , eft que pour ne pas multiplier les
Eftampes, il a fallu pofer les ranchers de bois en
RR , pour faire voir que c'eft-là où les Guimbar-
des les mettent.

Moulinet.

Quand on a des denrées à ferrer , pour qu'elles
ne s'échappent pas , quelque hautes qu'elles puif-
fent être , prefque toutes les Charettes finiffent par
un moulinet *q* (Fig. C) , on fait rouler une corde
qui prend de devant, autour du moulinet, au moyen
de bâtons qui , enfoncés dans les trous & en ap-
puyant deffus , font ferrer la corde : enfin un des
bâtons arrête le moulinet contre la Charette , &
l'empêche de s'en retourner ; & pour cet effet on
arrête le bâton lui-même. On cloue ordinairement
des planches en long fur les épars , ce qui fait le
fond des Charettes.

On laiffe les ridelles à jour , ou on les garnit en
dedans de toile , de cuir , de nattes &c. , fuivant
l'ufage qu'on veut faire de la Charette. On fait des
Charettes depuis 1 5 pieds de ridelles , jufqu'à 4 &
5 pieds : de ces petites-là , il y en a à qui un âne
fuffit ou des hommes.

Plan

Fig. A.

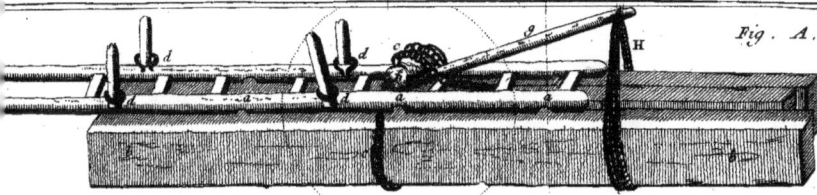

Fig. B.

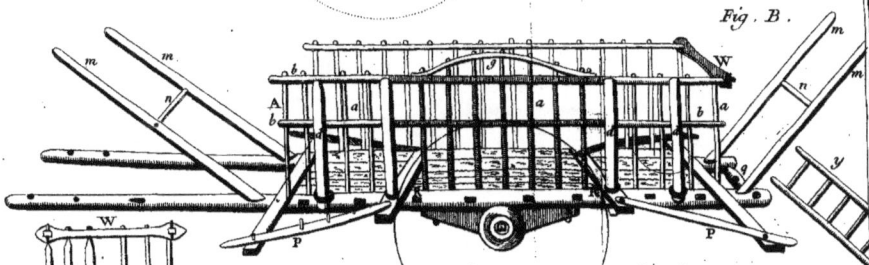

Fig. C.

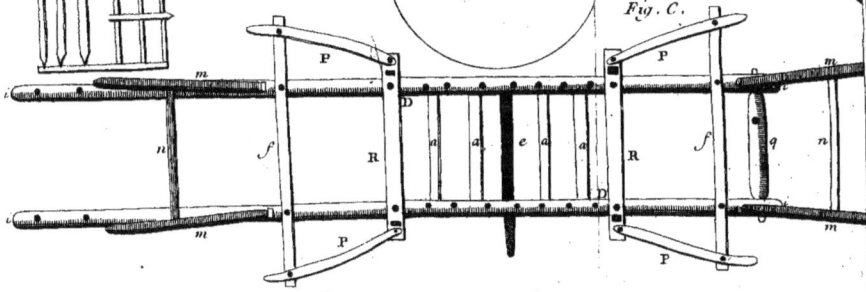

Plan de la Guimbarde (Fig. C).

D D Corps de la Guimbarde ; *a a a a* épars ;
e Aiſſieu ; *R R f f* Ranchers ; *PPPP* Herſe ; *m m m m*
Cornes de ranches ; *n n* Traverſes ; *i i i i* Limons.

DES DIFFERENS TOMBEREAUX,

BANNEAUX ET CAMIONS.

IL n'y a que de deux eſpeces générales de Tombereaux. Le Tombereau ſimple, & le Tombereau
à baſcule (Planche VI).

Le Tombereau ſimple n'eſt qu'un Haquet court,
garni ſur les limons, devant & derriere, de
Cloiſons : ces Cloiſons ſe joignant, en font comme un coffre quarré, ſans deſſus.

Le Tombereau à baſcule eſt auſſi une boîte
quarrée, en équilibre ſur l'Aiſſieu, & auquel on
joint par devant une limoniere.

Les Banneaux ſont du genre du Tombereau
ſimple ou à baſcule, mais plus petits ; & les Camions ſe menent par un âne ou par des hommes :
ceux-ci ne ſont jamais à baſcule, & ſont encore
plus petits, ce qui les a fait apparemment appeller
Camions, en les comparant aux épingles dont la
plus petite eſpece s'appelle Camions.

Commençons par la deſcription du Tombereau
ſimple

E

TOMBEREAU SIMPLE.

Sur un bâtis de Haquet fimple , on affemble dans les limons, de diftance en diftance, des morceaux de bois équarris , affez plats *mmmm* (Fig. A), qui entrent auffi par en haut dans une piece de bois plus épaiffe, qui eft une groffe ridelle ou membrure BB : on applique des planches, l'une au-deffus de l'autre en dedans, le long de ces morceaux de bois debout , qui fe nomment *épars de côté ;* & avec des chevilles de bois on joint ces planches à ces épars. On fortifie encore le derriere avec une ranche *n* de chaque côté enmanchée dans un rancher de fer: voilà les côtés conftruits. Quant au devant & au derriere, on enfile dans les bouts des ridelles ou membrures une trefaille dans laquelle on a fait entrer de même trois épars, qui tiennent par en bas à une traverfe de bois. On a chevillé en dedans des planches comme aux côtés. Ces deux volets , pour ainfi dire , ainfi faits & mis en place , y font arrêtés en bas par deux chevilles *o*, qui s'élevent fur les limons. Entre ces chevilles & les côtés eft un efpace qui loge la traverfe fufdite , & en haut, on arrête la trefaille par deux autres chevilles *pp*, qu'on paffe aux bouts faillants des ridelles dans des trous en dehors faits exprès.

Il y a de très grands Tombereaux de cette efpece; les Boueux de la Ville de Paris s'en fervent. Quand on veut les vuider , on défait le volet de derriere, qui eft le cul du Tombereau; on dételle le limonier, & on envoie les limons en l'air, fans quoi le Tombereau n'iroit point à cul, à moins qu'il ne fût plus chargé par derriere que par de-vant.

TOMBEREAU A BASCULE ET A LIMONIERE.

La feconde efpece de Tombereau n'a point de limons, ainfi que la feconde efpece de Haquet, décrite ci-devant. Le Haquet de Braffeur a des poulins au lieu de limons, & celui-ci eft affis fur l'aiffieu & terminé par les côtés haut & bas, par deux pieces fortes de bois, qu'on appelle des membrures *a a a*, Fig. B. Les côtés d'ailleurs font pareils à la premiere efpece, c'eft-à-dire, garnis d'épars de côté, efpacés, qui attachent la mem-brure haute avec la baffe; une ranche également vers le derriere, & des planches chevillées: mais le devant & le derriere font différents. Il y a fur le devant une trefaille A, Fig. C, chevillée fur les bouts des membrures hautes qui dépaffent, mais elle eft feule, c'eft-à-dire que rien ni tient, elle eft feulement là pour affembler les deux membru-res hautes. Derriere cette trefaille eft la fermeture du devant, compofée de planches maintenues en place par deux montants nommés les épées *b b*, ils font de bois & plus près l'un de l'autre en haut qu'en bas: ils foutiennent auffi une planche mi-fe en travers dépaffant le Tombereau par les deux côtés; cette planche fe nomme le doffier *d*: voilà la fermeture du devant. Le derriere eft fer-

mé au moyen de trois épars, Fig. D, qui foutiennent des planches de travers; & pour que ce
cul du Tombereau, posé dans sa place, n'en sorte
que quand on voudra, on fait un trou traversant
la membrure droite d'en haut qui dépasse : on
passe un boulon de fer *mm*, long, gros d'un pouce ayant une tête ronde, dans le trou, d'où on l'en-
fonce dans un pareil trou fait à la membrure d'en
bas; une chaîne de fer *aaa*, ou une corde, assez
grosse, acrocheé en dehors de cette membrure
droite d'en haut, passe en dehors entre le boulon
de fer & les planches, & se termine au haut d'un
morceau de bois rond *ff* appellé la clef, ou le bâton
du cul du Tombereau. A la membrure haute gauche, en dehors sur le côté, est un crochet plat *b*,
large & plié en équerre; la chaîne & la clef passent
derriere ce crochet & par-dessous la membrure;
la clef doit ensuite revenir par-dessus la membrure;
ce qui forme une espece de lien, qui tient les
planches en respect de ce côté; & pour que la
clef ne s'en retoune pas, on la fait passer elle-même par son bout d'en bas, derriere un crochet *c*,
pareil à celui d'en haut, attaché de même à la
membrure basse du même côté. Quand on veut
ôter le cul du Tombereau R, il ne faut que décro-
cher cette clef, & dégager le cul, de derriere le
boulon de fer.

Il est question de retourner maintenant à la Fig.
B. Le Tombereau est terminé en devant par une
limoniere, composée des mêmes parties de la li-

moniere des Haquets de Brasseurs, savoir, deux
limons, un épars, un boulon de fer, & un sommier. (Voyez l'Article précédent). Le boulon
de fer passe au travers des deux membrures d'en
bas ; mais au lieu des boîtes de bois qui soutiennent un moulinet aux Haquets, c'est ici deux anneaux de fer débout H H, attachés sur les limons,
ce qui se nomme boîtes de fer. La clef de devant,
morceau de bois rond qui enfile les deux boîtes,
se trouve posée au-dessus des avances des membrures basses *m m*, qui excedent le Tombereau
d'environ un pied. Cette clef posant dessus arrête le Tombereau en place, & l'empêche de ver-
ser en arriere. Il y a des Tombereaux qui n'ont
qu'une boîte de fer, posée au milieu du sommier *n*
de la limoniere ; la clef qui passe au travers pose
également sur les deux avances des membrures,
ce qui revient au même pour empêcher le devers
du Tombereau. De l'une ou de l'autre façon, il
n'y a qu'à tirer tout-à-fait la clef, alors le Tombereau se renverse de lui-même, s'il est plus chargé à cul, ou bien on lui aide en le poussant un peu
en haut.

Il y en a qui en faisant faire leurs Tombereaux
plus courts, se menagent un espace sur le devant,
qu'ils font planchéier en forme de petit coffre, d'un
pied de haut sans dessus, ce qui leurs sert à mettre
ce qu'ils veulent.

B A N N E A U X   E T   C A M I O N S.

Les Banneaux dont j'ai déja parlé au commencement de ce Chapitre, fervent plus communément à mener les fumiers dans les terres labourées, & les Camions à voiturer du fable, &c. dans les jardins.

D E S   C A I S S O N S,   F O U R G O N S,
FOURGONS DE MARE'E, ET DE FARINIERS.

C A I S S O N S.

APrès les Tombereaux viennent naturellement les Caiffons, qui ne font pas d'un fi grand ufage en tems de paix, qu'en tems de guerre, où ils fervent tant à voiturer les grains aux armées, qu'à tranfporter les poudres dans l'artillerie. Ce n'eft pour ainfi dire, qu'une Charette couverte, entourée d'ozier & fermée de toutes parts. La Planche VII Fig. A, en fait voir un. On voit en *a a* des ridelles comme aux Charettes : tous leurs intervalles font fermés par de l'ozier cliffé, ce qui fe nomme le vannage du Caiffon *b b*, qui le ferme tout en entier. Devant & derriere eft une trefaille, qui foutient ce qu'on nomme layon, qui eft le vanage fermant le devant & le derriere. Le haut eft compofé d'un berceau rond, formé par des cerceaux de bois de diftance en diftance, auxquels on attache foit une toile cirée pour couvrir le

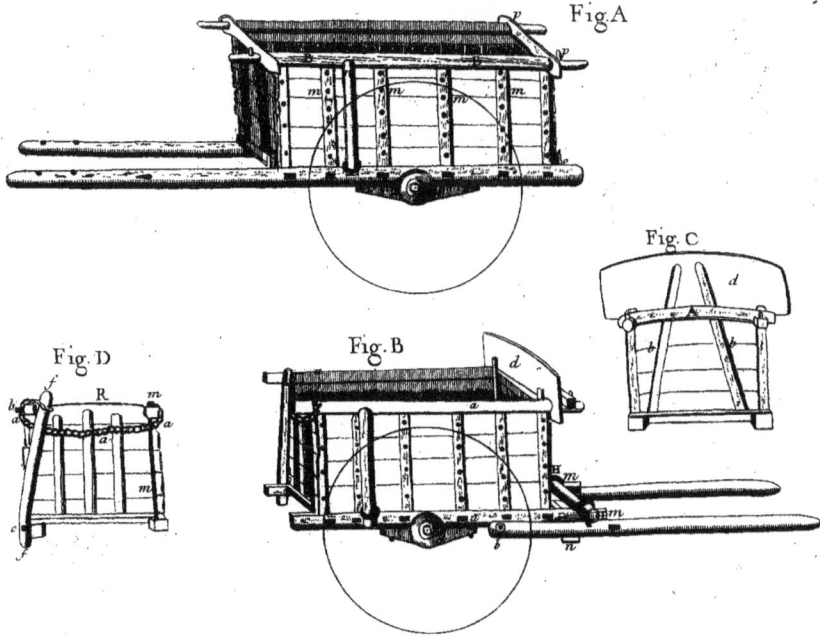

Fig. A

Fig. C

Fig. D

Fig. B

berceau, foit de la groffe toile peinte à l'huile : ces
cerceaux font enfoncés dans une perche, qui eft
elle-même retenue en place,tout le long & au-deffus d'une des ridelles d'en haut, par des douilles
ou boîtes de fer ; au nombre de deux ou trois dont
les queues font enfoncées elles-mêmes dans la-
dite ridelle d'en haut : ces douilles fervent de char-
nieres pour ouvrir & fermer le berceau. Mais voici ce qui conftitue le Caiffon. Ce font premierement deux ranches de chaque côté *d d* dans leurs
ranchers de fer, qui au lieu d'être droites comme
aux Charettes & Tombereaux,font ici des courbes.
L'intervalle qu'elles laiffent entr'elles & le vannage fert aux chartiers pour mettre leurs uftenciles
& outils néceffaires : de plus fur le devant & au
derriere, on y établit ce qu'on nomme des fou-
rageres E E, la Planche en montre la forme : elles
tiennent avec des douilles de fer à un épars rond
h h, qui eft établi en avant & en arriere, ce qui
fait que roulant fur cet épars elles peuvent s'approcher ou s'éloigner plus ou moins par le haut
du Caiffon, felon que le fourrage qu'elles font deftinées à contenir eft plus ou moins confidérable.
Les Caiffons de l'artillerie font fermés de planches au lieu de vannage : leur berceau eft auffi de
planches, & fait en toît pointu.]

SIMPLE FOURGON OU SUR-TOUT.

Otez les fourrageres, mettez des ranches droites, que le layon de devant n'aille qu'à la ridelle

du milieu faites des fenêtres ou ouvertures quarrées dans le vannage fur les côtés ou derriere ; conf-truifez deſſous la voiture des coffres ou caves, &c. vous aurez ce qu'on appelle un Sur-tout, ou un ſimple fourgon. Ces Caiſſons & fourgons que je viens de décrire ſont à deux limons : maintenant en voici d'une eſpece toute différente.

FOURGONS DE MARE'E ET DE FARINIERS.

Les voituriers de marée & ceux qui amenent des farines ſe ſervent de cette eſpece de voiture qu'ils nomment Fourgons, peut-être parcequ'elle reſſemble à une fourche, vous la voyez *Fig.* B. Ces voitures ont un timon & ſont communément at-tellées de quatre chevaux. Elles ſont compoſées de deux limons A A, chacun d'une piece qui ſe courbe ſur le devant pour former chacun une four-chette B B. Entre ces deux fourchettes on attache un timon C C, & on arrête le tout enſemble au moyen de trois fortes bandes ou liens de fer, qui rendent cet aſſemblage ſtable & immobile. Les points noirs *i i i i*, ſont les trous où entrent les roulons comme à une Charette ordinaire. Entre les bandes de fer que nous venons de décrire, ſe poſe la premiere volée que les Chartiers appel-lent vallapaille D D : c'eſt un marteau de fer E qui ſert de cheville ouvriere. A cete volée les pa-loniers y ſont joints par des crampons qui tien-nent à des moraillons, ou gueules de loup, de fer attachées à la volée. Voilà l'établiſſement de la

premiere

premiere volée, où font attachés les traits des chevaux du timon. Il faut décrire maintenant la feconde qui eft beaucoup plus compofée. Le timon
eft garni de fon crochet de fer comme tous les timons ; mais il fert ici à peu de chofe, car on place en avant de ce crochet en A *Fig.* C, une cheville de bois qui perce au travers du timon. Cette
cheville arrête deux gros anneaux de fer: celui B,
(& B, Fig. I.) qui la touche immédiatement, nommé courte chaînette, eft ovale ; il y tient une chaîne
de fer, ou deux, finiffant chacune par un crochet
qu'on fait entrer dans un crampon D, ou deux, mis
& efpacés à la volée de devant E E, à laquelle font
attachés les paloniers des chevaux de devant. Le
fecond anneau C n'eft point fermé : il eft en forme de fer à cheval ; fes deux bouts font recourbés
en anneaux qu'on nomme anfes de clicart F F, *Fi-*
gure 1. Au travers de chacune eft un crampon qui
tient à une efpece de volée nommée huyot ou clicart G G. Cette volée eft garnie de fer mince ou
de tôle qui l'entoure à fon milieu, de peur qu'elle
ne s'ufe en frotant contre la courte chaînette. Cette
volée ou huyot eft toujours fous le timon : à fes
deux bouts s'attachent les collerons H H, qui ne
font autre chofe que deux colliers de cuir qu'on
paffe fur le col des deux chevaux du timon, pour
qu'ils maintiennent le timon horifontalement & le
foutiennent : ces collerons font faits d'un cuir large
H H dans l'efpace que contient le col des chevaux, puis pris en fente par une laniere de cuir

F

plus étroite *i i*, qu'on attache au huyot ou clicart par un nœud réplié ou coulant *m m*. Ces collerons fe tiennent fur le col des chevaux en deça de leurs colliers, du côté de la tête, & contrebalancent l'équilibre du Fourgon; de peur que la cheville A ne démare on la lie au crochet du timon avec une petite ficelle *n*.

DE LA CHAISE DE POSTE.

CETTE voiture n'eft deftinée qu'au fervice des hommes: c'eft pourquoi elle eft plus compofée que les précédentes. Il faut voyager furement, doucement & commodement, à l'abri des injures du tems, & cependant que la voiture foit la plus légere que faire fe peut, pour ménager les forces des chevaux qui doivent aller vîte & avancer chemin. La bafe de cette voiture eft comme aux précédentes, deux limons, qui changent ici de nom & fe nomment brancards; deux roues avec leurs échantignoles. Les deux brancards font attachés l'un à l'autre, non par des éparts, mais par des traverfes, tant devant que derriere: le milieu eft vuide pour y laiffer le corps de la Chaife fufpendu en liberté, au moyen pour les Chaifes les plus fimples, de deux foupentes de cuir, larges, attachées par devant à une traverfe, & par derriere à des crics, que nous décrirons ci-après. Ces foupentes coulent de chaque côté fous les bran-

Planche VII.

Fig. A

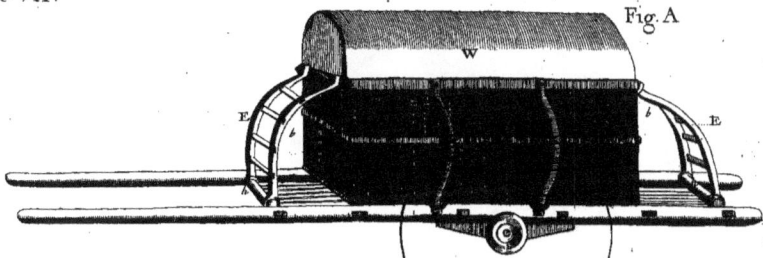

Fig. B

Fig. C

Fig. 1.

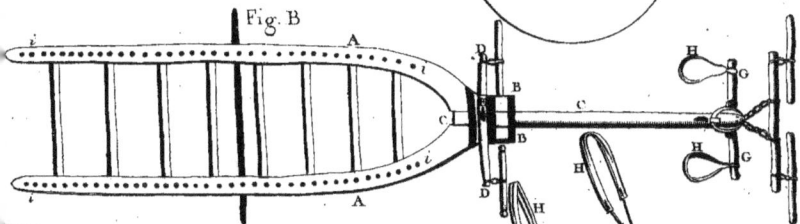

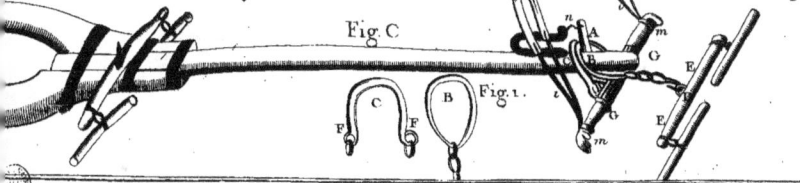

cards de la Chaife, & y font attachées au milieu du deffous des brancards de la Chaife avec une vis & un écrou, pour empêcher la Chaife de couler en avant & en arriere fur les foupentes, & en même tems qu'elle ne s'en fépare.

Quand les foupentes font neuves, & avant d'avoir perdu leur élafticité, qui les fait tendre à fe refferrer à chaque effort qui les étend, la Chaife alors eft affez douce: mais quand à force de récidiver elles ont perdu leur reffort, ce qui n'eft pas long-tems fans arriver, alors la Chaife devient rude comme fi elle étoit fupportée par un morceau de bois. Il a donc fallu imaginer d'autres moyens de la rendre douce continuellement, & on n'y eft parvenu que par des refforts de fer, de bois, de corde, &c.

La Planche VIII, Fig. 1, fait voir le profil d'une Chaife de Pofte, & la Fig. 2, la vûe d'oifeau.

Fig. I, *aaa* les deux Brancards.

b, Le Moyeu.

C, L'Echantignole.

D, Le Marchepied de cuir.

EE, Le Corps de la Chaife.

Courroie de Ceinture, & croifée.

Comme les refforts à écreviffe dont je vais donner la defcription, qui ont été les premiers inventés & qui font très bons, & les refforts qu'on a mis fur le devant, ne fervoient qu'à adoucir confidérablement les foubre-faults de haut en bas, &

F ij

que ceux qui se passoient sur les côtés de la voiture à droite & à gauche, ne pouvoient être effacés par ce moyen, la Chaise étant suspendue par dessous, il a fallu obvier à cette incommodité, qui alloit quelquefois à faire frapper la Chaise, non-seulement aux brancards du train, mais encore contre la roue. On a trouvé pour cet effet plusieurs formes de liens qui reviennent à-peu-près au même, & qui effectivement font plus ou moins l'effet desiré. 1°. On se sert d'une bande de cuir pour maintenir le bas de la Chaise, attachée aux brancards du train en·h, vis-à-vis des flancs de la Chaise d'une part, & arrêtée à la planche de·derriere dans le milieu d'autre part, ce qui forme une portion de cercle qui empêche le bas de donner contre les brancards; cette laniere de cuir, se nomme la Courroie de ceinture *gg*: ou bien de l'extrémité basse du pied cornier de derriere de la Chaise, on fait partir de chaque côté une Courroie; ces deux Courroies se croisent en croix de Saint André dans le milieu de leurs courses l'une sur l'autre, & vont chacune se rendre à leurs côtés opposés aux extrémités de la planche de derriere où elles passent dans des crampons: on les serre chacune avec une boucle, ce qui fait le même effet que la Courroie de ceinture. Pour éviter la confusion dans l'Estampe, ces deux cuirs sont marqués par deux lignes, qui se croisent derriere la Chaise.

Cremailliere & Corroie de Guindage.

Le bas de la Chaife étant maintenu ainfi, il faut
empêcher que le haut ne s'écarte dans les fecouffes,
& n'aille battre contre la roue. On fe fert pour cet
effet de plufieurs moyens, dont voici le plus an-
cien. Ayant placé aux bouts des brancards des
confoles de fer à deux branches *m m* : on attache
une Courroie au brancard vers *h*. On a précédemment pofé & arrêté fur le pied cornier d'à-côté
de la Chaife une bande de fer coudée, nommée
le Cremaillere *n*. Le coude qu'elle fait laiffe affez
d'efpace entr'elle & le pied cornier, pour paffer
la fudite Courroie, qu'on porte de-là fur le fommet de la confole d'où on la fait defcendre fur
le bout du brancard auquel on la noue, ou on
l'arrête à un cric mis exprès ; & pour qu'elle ne
s'ufe pas en frottant contre la Cremaillere, on la
double en cet endroit d'un fourreau de cuir : cette Courroie fe nomme Courroie de Cremaillere
ou de Guindage. On voit cette Cremaillere de
fer, Fig. 5, on voit qu'elle eft double : le retour
d'en haut & d'en bas en équerre font attachés à la
Chaife, & c'eft dans l'intervalle extérieur *a* que
paffe la Courroie de Guindage avec fon fourreau.

Autre Guindage.

On a imaginé encore un Guindage d'une autre
efpece, c'eft une bande de cuir qui paffe dans un

crampon mis en haut du pied cornier fous l'impériale : on la redouble au moyen d'une boucle ; elle embraffe par en bas une autre courroie attachée
en *h* fur le brancard , laquelle on tend au moyen
d'un petit cric , qu'on arrête fur le même brancard
en *o* : on ferre & on racourcit au moyen de fabou-
cle la Courroie qui defcend , afin qu'elle foit tendue , & ces deux Courroies fe contre-balançant
l'une l'autre , forment un efpece de reffort qui
adoucit beaucoup les coups de côté.

Refforts.

Les anciens refforts de Chaifes, & qui ne font pas
les moins bons font les refforts à écreviffe : on les
voit dans la Fig. 1 recouverts de leurs étuis *n*. Dans
la Fig. 2 , on voit le chemin des foûpentes *nn* pour
fe rendre aux avances des brancards de la Chaife,
nommés apremonts ; & dans la Fig. 3 & 4 , on
voit un de ces refforts à nu : *a* fon pivot , *bb* fes
feuilles avec leurs oreilles qui replient fur les
épaiffeurs *c* , fa boîte *dddd* , fes crochets où s'a-
crochent les foupentes *ff* , partie de la planche à
refforts.

Autres Refforts.

On a imaginé depuis non-feulement pour les
Chaifes , mais encore pour plufieurs autres Voitures des refforts , qu'on nomme à la *Dalem* , nom
d'un très habile Serrurier qui les a inventés. Je les
ai deffinés fur la même Chaife , Fig. 1 , pour ne

pas multiplier les Eſtampes. J'ai ombré le mouton
& le reſſort pour qu'on les diſtingue mieux : pour
ces reſſorts, il faut à chacun un mouton *p* au brancard ; parceque le reſſort qui eſt debout y eſt arrêté
par le milieu au moyen d'un collier de fer à charniere : on fait faire aux dernieres feuilles une portion de cercle par le haut, au bout duquel eſt une
main de fer qui reçoit la ſoupente attachée à la
Chaiſe par une autre main, ce qui fait qu'à ces
Chaiſes on ſupprime les apremonts qui ne ſervent
qu'avec les reſſorts à écreviſſe : on met auſſi ſur le
devant, ſous la caiſſe, des reſſorts *rr* ſimples, auxquels ſont attachés par leurs mains des bouts de
ſoupente, qui partent de la traverſe de devant *q*.
Reſte à parler du garde-crotte, qui empêche le
devant de la Chaiſe d'être ſali par la boue ; de
la courroie de portiere ſoutenue par ſes deux ſup-
ports pour recevoir la porte ou botte K quand on
l'ouvre ; du tablier *t*, qui tient au cerceau *w*, pour
recouvrir le porte-manteau. On joint quelquefois
un demi cercle à côté du cerceau qu'on nomme le
tâſſeau *x*, pour garantir la Chaiſe de la boue du
cheval de côté ; mais il ne ſert pas de grand choſe,
le cerceau étant ſuffiſant quand il va d'un brancard
à l'autre ; la courroie de palonier *z* ; les contre-
ſanglots d'aiſſieu 2 2, où l'on boucle le bout du
trait de brancard ; & enfin de la doſſiere 3, qui
ſe met ſur la ſellette du cheval de brancard pour
l'atteller à la Chaiſe.

PLAN DE LA CHAISE A VUE D'OISEAU.

Fig. 2, *a a* l'Impériale & la Botte de la Chaife en lignes ponctuées, légerement ombrés.

b b, L'Aiffieu.

c c, Les Marchepieds.

D, Traverfe de devant.

E, Cerceau, & Tablier qui recouvre le porte-manteau.

F, Taffeau, & continuation de Tablier.

g g, Les Courroies de cerceau.

H, Palonier avec fes Courroies, dont un bout paffant en deffous va fe rende au brancard oppofé : il eft marqué ici en lignes ponctuées.

i i, Contre-fanglot d'aiffieu, qui de l'aiffieu va au devant, pour y boucler le trait de brancard : il eft ordinairement d'une corde recouverte d'un cuir.

l, Doffiere.

m, Planche de derriere.

n n, Les Soûpentes, qui tiennent aux refforts à écreviffe.

o, Planche de refforts.

p, Reffort à écreviffe.

q q, Traverfe de derriere.

r r r r, Confoles de fer à deux branches, qui foutiennent le fiége du laquais *x*, & fur le haut defquelles paffent les courroies de guindage *s s s s*, pour s'aller rendre aux crics T T.

V V V, Courroie de ceinture.

y y

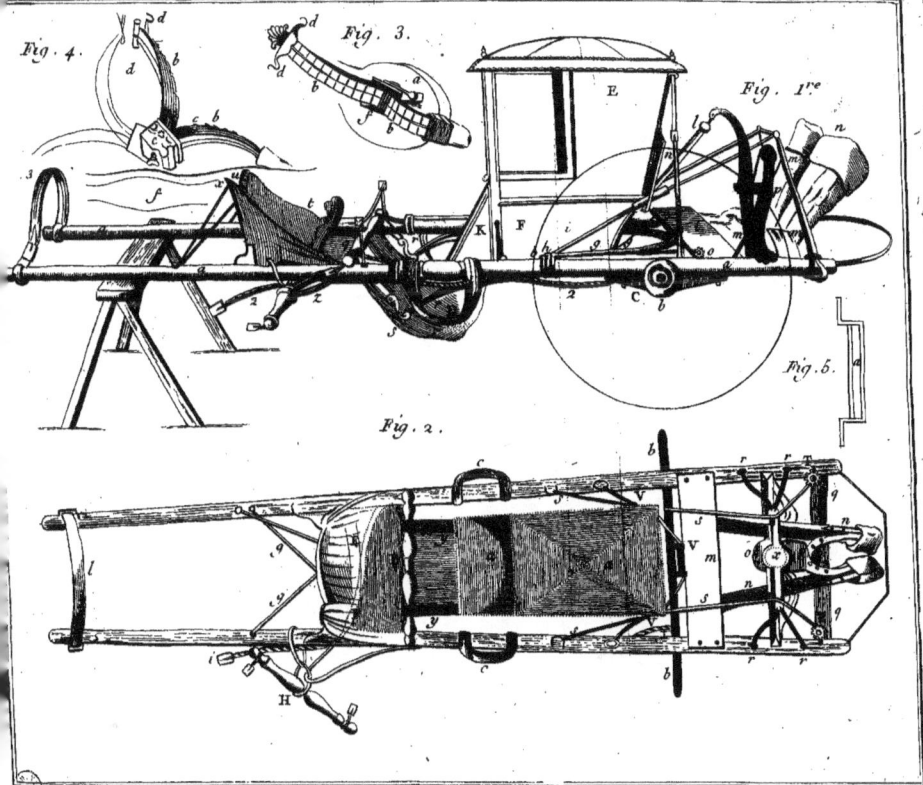

Fig. 4.

Fig. 3.

*Fig. 1.*re

E

Fig. 5.

Fig. 2.

H

yy, Soupentes de devant, qui tiennent la Chaife fans refforts, & qui vont aux refforts de devant.

DE LA ROULETTE,

AUTREMENT BROUETTE, OU VINAIGRETTE.

LA Roulette eft du nombre des Voitures à deux roues, & d'une ftructure plus finguliere qu'on ne l'imagine. Il y en a beaucoup dans la Ville de Paris. Elle fert à faire de petits voyages deffus le pavé; elle eft trop près de terre pour pouvoir fervir en Campagne. C'eft toujours un homme qui la tire, & quelquefois un autre la pouffe. Les Roulettes fe tiennent fur des places marquées, où on va les louer. On voit affez fa forme en général dans l'Eftampe, (Planche IX, Fig. 1). C'eft une Caiffe de bois très peu meublée en dedans, où il y a un fiége & un couffin : on paffe entre les deux bâtons parceque la porte eft devant; on recule enfuite comme à la Chaife de Pofte pour s'affeoir dans le fond. L'impériale eft couverte de toile cirée, Les roues font d'environ quatre pieds. Mais ce qu'il y a de fingulier, c'eft fa fufpenfion.

Le corps de la Roulette eft terminé en bas par deux brancards, au-deffous defquels font deux refforts, de cinq feuilles chacun. Un étrier de fer attaché à un colet de fer, qui coule dans une ref-nure formée par quatre bandes de fer clouées à

G

la Roulette, deux en dehors & deux en dedans, nommées les platines, enfile le bout pliant du ressort. L'aissieu, qui est une barre de fer toute ronde percée aux deux bouts, passant au travers de la Voiture sous le siége, enfile les deux collets par leurs trous. On le fait ensuite entrer dans les moyeux qui sont maintenus en leurs places par une clavette mise dans les fentes des bouts de l'assieu ; & voilà la Voiture prête à rouler. Dans les cahos, qui ne sont guere autre chose dans les Villes que le passage des ruisseaux, c'est le ressort qui cedant à la pesanteur de la Voiture & à ses saccades, s'en approche & fait monter en même-tems le colet, l'aissieu & la roue. Quand le ressort se remet à sa place, toutes ces pieces redescendent à la leur. C'est ce contre-balancement qui fait la douceur de cette petite Voiture.

Noms des Pieces.

A, L'Impériale.

DD, Corps de la Roulette.

C, Portiere.

e e, Fenêtres.

FF, Platines de fer, il y en a deux pareilles en dedans.

H, Colet de fer, qui coule entre les Platines.

i, Poignée de fer, pour celui qui pousse.

BB, Bâtons avec leurs Poignées.

qq, Arcboutants-droits.

GG, Brancards.

n, Pieds de Brancards, qui tiennent les refforts.

m, Refforts enfilés dans le bouts de l'Etrier P.

o, Petit Auvent de toile cirée, ou de fer blanc, pour garantir l'aiffieu de la pluie.

DES AVANT-TRAINS EN GÉNÉRAL.

IL n'y a que de deux efpeces d'Avant-trains: les Avant-trains à faffoire, & les Avant-trains à ronds ou ordinaires.

Les Avant-trains à faffoire, ne font jamais conftruits à part des Voitures auxquelles on les fait fervir, qui font toujours des Voitures à flé-che. Il n'en eft pas de même des Avant-trains à rond, ou ordinaires. Ceux-ci s'ajuftent après-coup à toutes les Voitures à brancards ou à limons, quand on veut les rendre Voitures à quatre roues & à timon. Ainfi, au moyen de cette efpece d'A-vant-train, d'un Haquet, d'une Charette, d'un Tombereau, d'un Caiffon, &c. on en fait tout autant de Voitures à quatre roues & à timon. Un autre avantage qu'a encore cette efpece d'Avant-train; c'eft de tourner ou braquer, jufqu'à ce que la croupe des chevaux qui tournent, rencontre la Voiture qui les empêche d'aller plus loin; au lieu qu'à l'Avant-train à faffoire, la hauteur des roues de devant, la faffoire, & la fléche bornent le braquement très promptement, c'eft-à-dire, que ces Voitures ne peuvent tourner fur elles-mêmes;

G ij

qu'un tiers de tour, ou environ trente dégrés :
c'eft pourquoi on ne voit gueres que les Voitures
publiques, comme Coches, Cabas, & certains Chariots qui ont befoin d'avoir les roues de devant
fort hautes, à caufe des mauvais chemins & des
ornieres, qui fe fervent des Avant-trains à falloire
qu'on nomme grands Trains. Ces Voitures ne vont
que fur les grands chemins, & font obligées de
prendre leurs tours de loin pour entrer dans les
Auberges.

Comme cette efpece d'Avant-train eft à demeure à la Voiture : je le décrirai à l'article des
Coches. L'Avant-train à rond ou ordinaire pouvant, comme j'ai dit, être ajouté à plufieurs Voitures, je vais en faire la defcription à part.

DE L'AVANT-TRAIN ORDINAIRE.

Pour faire cet Avant-train, (Planche IX, Figure 2), on affemble à la fellette du lifoir de
devant A, fortifiée de fes deux étriers de fer *o o*,
les fourchettes d'en bas ou armons *b b* BBB, fur
lefquelles pieces on affemble le rond compofé de
quatre jantes CCCC. On pofe fur les armons, par-
devant, la volée DD, dans le milieu de laquelle en *i*
entre la cheville romaine, deftinée à tenir le timon E en fa place entre les deux armons quand
il eft baiffé : en ôtant cette cheville on peut le
lever tout debout, pour qu'il ne tienne point de
place en avant. La volée eft arrêtée ferme en fon
lieu par deux tirants de fer FF, qui lui viennent

de la fellette : à la volée tiennent les paloniers *gg* par leurs chaînettes de cuir HH, qui ne peuvent fortir de leurs places aux moyens des crampons de fer *llll*, attachés & à la volée & aux paloniers. Les armons font fortifiés par des bandes de fer tant devant que derriere la volée : on les nomme pieces d'armons *mm*. C'eft dans un trou *n* que paffe la cheville ouvriere, qui traverfe le deffus de l'Avant-train, que nous allons décrire.

Ce deffus eft compofé du lizoir A, Fig. 3, dans lequel entrent les fourchettes de deffus *bbbb*, entaillées pour recevoir les jantes de double rond au nombre de fix jantes. Quelques-uns ne mettent que deux jantes, une devant & l'autre derriere, d'une fourchette à l'autre, fupprimant les quatre portions marquées CCCC. Mais cependant il vaut mieux couvrir entierement le rond de deffous : il s'en conferve mieux. On établit, vers le bout de derriere des fourchettes, la traverfe de fupport D, dont j'expliquerai l'ufage dans le profil, Fig. 4 : *n*, paffage de la cheville ouvriere : *mm* mortoifes où entrent les moutons, Fig. 4.

On porte la Fig. 3 fur la Fig. 2 ; c'eft-à-dire le lizoir fur la fellette, de forte que la Fig. 3 recouvre en entier la Figure 2, & la cheville ouvriere maintient le tout en fa place : la Fig. 2 ne tenant à la Fig. 3, que parceque la cheville ouvriere l'enfile. Cette Figure 2 tourne tant qu'on veut fur cette cheville, & braque (c'eft le terme) de quelque côté qu'on veuille mener le timon.

Venons au profil qui eſt Figure 4. Dans cette Figure tout eſt en place : armons A , & fourchettes d'armons *a a* ; rond B ; ſellette de lizoir *c* ; volée ſur armons E ; timon F. Toutes ces pieces ont rapport à la Figure 2 , & tournent ſur le centre de la cheville ouvriere.

Voici les pieces qui ont rapport à la Fig. 3 , leſquelles reſtent dans la place où on les a attachées à la Voiture : D lizoir : K double rond : *m m* fourchettes : N moutons : M coquille ſur laquelle le cocher met ſes pieds : P eſt une traverſe qui va d'un mouton à l'autre , & dont on ne voit ici que le bout, ſur laquelle ſont attachés & bredies le bout de chaque ſoupente , près de chaque mouton, ou bien ce ne ſont que des bouts de bois ronds en forme de taſſeaux , un à chaque mouton : on les appelle des manchettes , & on y bredit pareillement les ſoupentes : O, un arboutant courbe à chaque mouton , rendant à la fourchette de ſon côté, ſert de ſoutient aux moutons ; *q* ſiége du cocher ; R R porte-ſiéges de fer qui tiennent aux moutons ; T traverſe de ſupport aſſiſe par en bas ſur les fourchettes *m* , & arrêtée par en haut ſous les brancards pour les lier avec l'Avant-train , quand il eſt conſtruit à demeure avec la Voiture : mais quand il eſt à part, & qu'on veut l'ajouter à une Chaiſe de Poſte , par exemple, on entoure le brancard, & on le fait tenir à la traverſe de ſupport, par le moyen d'une charniere ou main de fer V qui l'enveloppe,

Fig. 2.

Fig. 3.

Fig. 4.

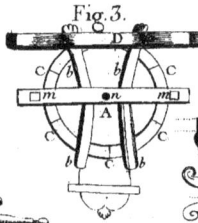

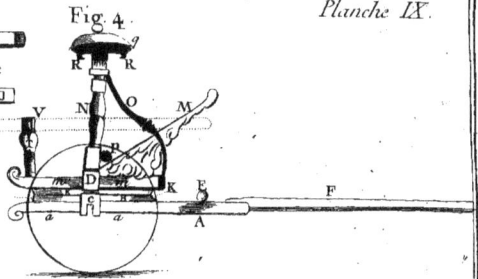

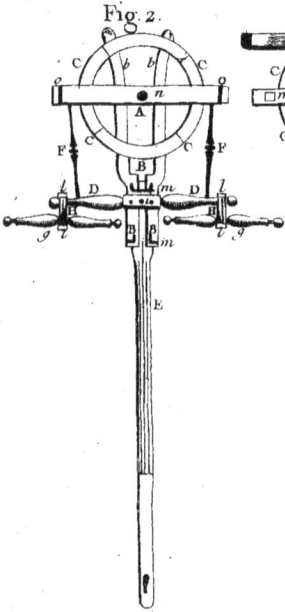

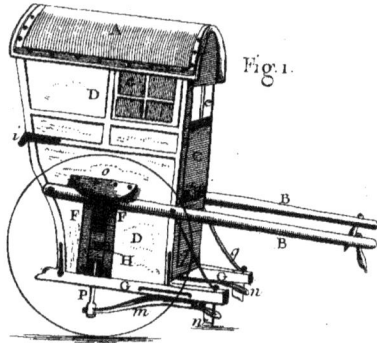

Fig. 1.

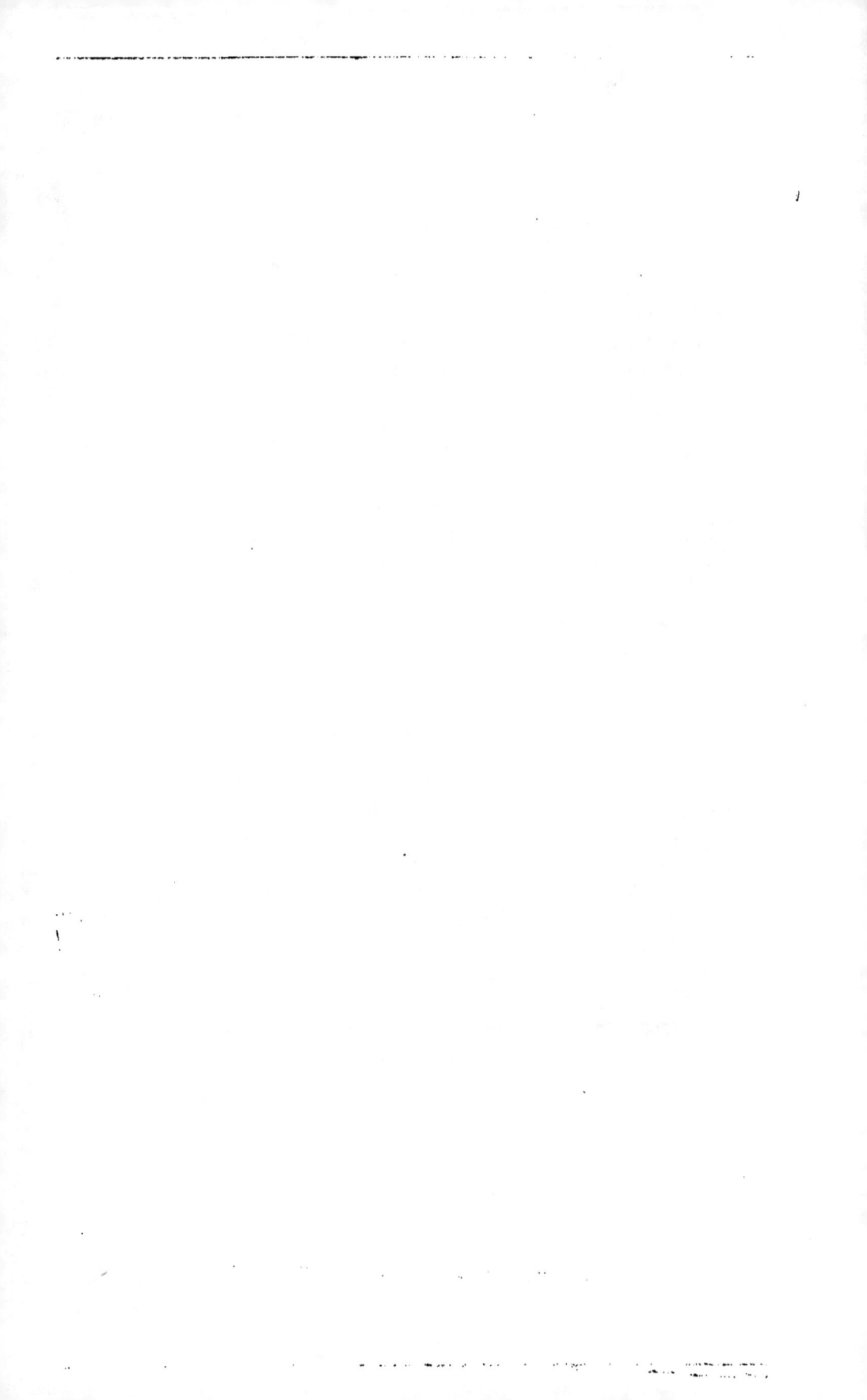

& fermée par une vis à écrou. On attache au mouton
en dedans à la même hauteur pareille main, qui
prend auſſi le brancard & l'entoure de la même
maniere : alors l'Avant-train ainſi amarré eſt auſſi
ferme à la Voiture que s'il avoit été conſtruit avec
elle; & par ce moyen ou quelque équivalent, d'u-
ne Voiture à deux roues, on en fait ſur-le-champ
une Voiture à quatre roues. Le brancard eſt ici
marqué par deux lignes ponctuées.

Cette deſcription d'un Avant-train, ſoit ſtable,
ſoit mobile, ſuffit pour y renvoyer le Lecteur,
ſans le décrire de nouveau : quand j'expliquerai
par la ſuite quelques Voitures à quatre roues.

DES TRIROTES, OU VOITURES
A TROIS ROUES.

LEs Voitures à trois roues, qui ſont des Chaiſes baſſes ayant deux roues de derriere, & une ſeu-
le en face du devant, tenant le milieu, & qui tourne ſous un pivot, ces Voitures, dis-je, ont amuſé
il y a déja long-tems la ſcience des Machiniſtes,
mais ils n'ont pû en tirer bon parti. Avec cette eſpece de Voiture il n'y a pas moyen de faire chemin avec un ni deux chevaux; premierement par
la difficulté d'y ajouter timon ou limons, & enſuite celle des ornieres : car ſi les deux roues de
derriere cartaient, la roue de devant entre dans
l'orniere, ou bien les chevaux ſeront obligés
de la porter; & ſi la roue de devant marche en-

tre les deux ornieres, les deux roues de derriere
feront dedans. On s'eft donc reftraint à la fantaifie
de faire de la Trirote une Voiture de jardin pour
le plaifir de la promenade : ce qui s'exécute néan-
moins très rarement à caufe d'autres inconvéniens
qu'on va détailler. Il ne s'agit point ici d'y atteller
des chevaux, mais on ajoute aux moyeux des
roues de derriere des pignons, & des roues à
dents, le tout de métal : des manivelles y répon-
dent, lefquelles fe rendent dans la Voiture fi le
Maître veut la faire marcher, ou derriere entre les
deux roues, fi ce travail eft deftiné au Domeftique. Or en tournant ces manivelles également ou
inégalement en avant ou en arriere : on fait marcher & virer la roue de devant, & conféquemment la Voiture du fens que l'on veut, tout droit,
en avant, à droite, à gauche, & en reculant, comme fait un bateau, fuivant qu'on gouverne les ra-
mes. Mais outre la fatigue de tourner les manivelles ; ce qui ne peut manquer de laffer en peu de
tems, foit le Maître, foit le Valet, c'eft que pour
peu qu'il y ait à monter, le poids de la Voiture &
de fa charge fur les roues de derriere, s'oppofent
totalement au jeu de la machine, & on refte tout
court. Quant à la defcente, on va à merveille ; il
faut donc fe fatiguer fur un terrein uni & plat, ou
bien toujours defcendre : mais comme il ne fert à
rien de faire la defcription d'une chofe qui a fi peu
d'utilité, je crois en avoir affez dit. J'ai idée d'a-
voir vû dans un jardin des Camions ou petits Banneaux,

neaux, qui avoient une roue de devant entre les deux limons. Ils fervoient à tranfporter des immondices : ils étoient tirés par des hommes ; cela pouvoit rendre le Camion plus roulant, & foulager les hommes de la charge.

DES VOITURES A QUATRE ROUES.

COMME parmi les Voitures à quatre roues, il y en a de deux genres différens, à caufe de la différence de leurs trains de devant, & que les brancards & la fléche font encore deux différences effentielles, il faut parler de chaque efpece & la décrire. Commencons par la plus fimple des Voitures à quatre roues, en décrivant le Chariot ordinaire.

DU CHARIOT ORDINAIRE.

A cette efpece de Chariot, l'avant-train ou plutôt le train de devant, eft à rond & à roues baffes. Sa compofition n'eft gueres plus compliquée que celle d'une Charette, à laquelle on auroit ajouté un avant-train ordinaire. Vous avez deux limons d'une conftruction plus légere que ceux d'une Charette, qu'on nomme ici des brancards : on lie ces brancards au train de devant.

Du refte ce font des ridelles, des ranchers des épars fur lefquels on attache des planches pour faire le fond de la Voiture, des épars de cô-

té au lieu de roulons *aaa* (Pl. X Fig. 1,), tresaille ;
moulinet derriere, un siége pour le cocher, qui n'est
qu'un coffre de bois. Les brancards ont communément un renflement dans le milieu pour que le
Chariot contienne davantage. Il sert à voiturer toutes sortes de chose. Je ne sais d'autre raison pour
lesquels on les construit communément de façon
qu'ils vont toujours en pente gagner le train de
devant, si ce n'est à cause que les roues de devant
étant basses , & n'ayant point de moutons , il faut
que les brancards joignent ce bas avant-train par
une échantignole *b*.

Devant de Chariot de nouvelle invention.

Une personne de mes amis, qui sent l'avantage
qu'il y a d'avoir des roues hautes par devant, a
imaginé d'arranger le devant du Chariot comme
il est dessiné Figure 2. C'est de lier la portion du
brancard A avec le bout B au moyen du tasseau,
C, de façon qu'une plus grande roue puisse braquer
par dessous en D: ce qui rend, sans difficulté, la
Voiture plus roulante. Les brancards des Voitures
Allemandes sont dans ce goût. .

CHARIOTS A FLECHE.

CHARIOTS DE CHARBONIER.

LEs moins composées des Voitures à fléche,
sont les Chariots des Charboniers. La Fig. 3 montre le plan à vûe d'oiseau d'un de ces Chariots,

dont le train de devant ne peut braquer que de
trente dégrés de cercle ou environ : *aaaa* eſt une
limoniere garnie de ſes deux épars ou traverſes
bb & du boulon de fer *c*, qui la joint aux armons
dd. Les Chartiers-Charboniers nomment cette limoniere une *menoire* : mais comme le bout des limons de cette *menoire* tomberoit à terre , ils la
maintiennent horiſontale par le moyen de deux
bâtons , qui de deſſous le premier épars de la *menoire* , paſſent par-deſſus tous les autres épars , tant
de la *menoire* que des armons , puis entre la ſellette
de lizoir & le lizoir, où ils vont acoller la fléche.
Ils nomment ces bâtons des entraves *gg*. Au bout
des armons eſt chevillée la faſſoire H H. La cheville ouvriere paſſe au travers de la fléche & de
la ſellette du lizoir. Les Charbonniers nomment
cette fléche la *logne* K K. Par-deſſus la *logne* une
piéce qui l'embraſſe, & qui ſe ſéparant en deux
branches, traverſe le lizoir de derriere aux deux
côtés de la logne, ſe nomme la fourchette F F F :
une frette de fer L ſerre cette fourchette ſur la
logne. Or comme cette fourchette eſt arrêtée fermement dans le lizoir de derriere, & qu'elle peut
couler tout le long de la logne , en faiſant ſauter
la frette L , ils rapprochent ou éloignent du devant, le lizoir & les roues de derriere ; & par ce
moyen alongent ou racourciſſent le corps du Chariot à leur volonté. Ils maintiennent la logne en
place, par une forte cheville de bois ou de fer,
nommée cheville d'alonge 2, qu'ils font entrer

dans des trous percés de diftance en diftance;
dans le bout de derriere de la logne; le lizoir ne
fauroit aller au-delà. Trois fortes ridelles devant,
derriere,.& de chaque côté , & qu'ils appellent
toutes des brancards R R R, forment un entonnoir quarré fort élévé : ils garniffent de clayons
de bois tous ces brancards, & par-deffous la logne, ce qui fait ventre affez près de terre; d'autres clayons mis à plat par-deffus l'avant-train , le
laiffent libre ainfi que la faffoire : on remplit tout
le dedans de charbon qui tombe à terre, en ou-
vrant les clayons fous la Voiture.

Cette conftruction eft fondée fur plufieurs raifons : communément les Voitures à fléche font
auffi à timon, pour atteller deux chevaux à côté
l'un de l'autre : mais comme les chemins des ventes
où on va charger le charbon, font fouvent étroits,
il faut mettre les chevaux l'un devant l'autre , ce
qui contraint à mettre une limoniere ou menoire.
Comme il fe trouve des orniere profondes dans
ces chemins, & qu'on n'a pas à tourner court. Les
Charboniers ont conftruit leurs trains à faffoire,
pour avoir des roues de quatre pieds de haut. Le
charbon ne pefe pas à proportion du volume qu'il
tient : ainfi ils ont fait le plus grand vafe qu'ils
ont pû pour en tenir une grande quantité. Voilà
je crois les raifons fur lefquelles ont été édifiées
ces fortes de grandes Voitures. Plufieurs autres
efpeces de Chariots ayant des ridelles évafées, à limonieres, ou à timon, s'alongent ou s'acour-

Fig. 1.re

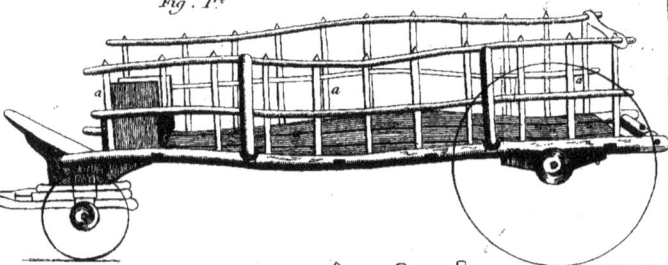

Fig. 2.

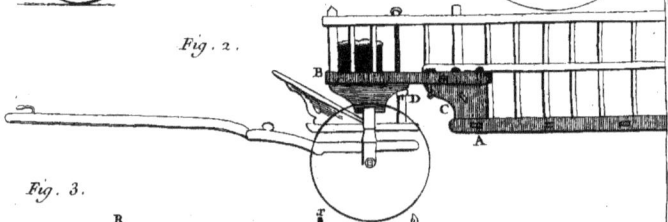

Fig. 3.

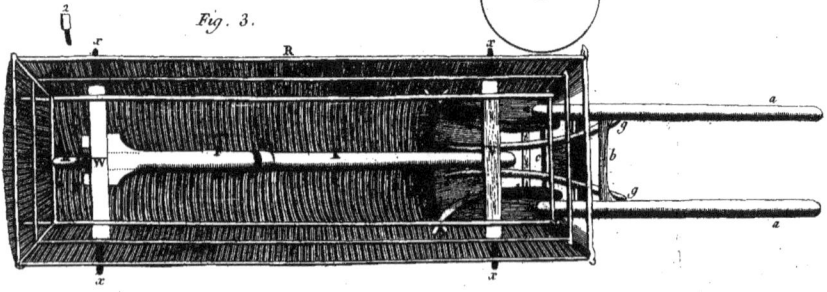

ciffent par la même méchanique que ceux des Chaiboniers.

V, Lizoir de devant.

W, Lizoir de derriere.

x x x x, Aiffieux.

DU DIABLE DES MARCHANDS
DE CHEVAUX, ET DU WOURST.

DIABLE.

LEs Marchands de chevaux de caroffe, fe mu-niffent d'une efpece de Voiture à fleche, qu'ils nomment un *Diable*, laquelle ne fert que pour dreffer & exercer les chevaux deftinés au caroffe, afin d'être eux-mêmes hors de danger des ruades. C'eft affurément la plus fimple des Voitures à flé-che. Ici la fleche eft à contre-fens. J'augure que la mauvaife raifon de ce que les Charrons nomment la chaffe ; & que je tâche de refuter à la fin de ce Traité, dans ma defcription d'une nouvelle Berli-ne que j'ai imaginée, eft caufe de ce renverfement de fléche, ainfi que du penchant fur le devant qu'on donne à prefque tous les Chariots de Mai-fons, comme auffi des avantages qu'on fuppofe qu'ont les Voitures d'avoir des petites roues de-vant. On voit donc cette fléche renverfée A, (Planche XI, Figure 1.), avec fes empanons BB, & fon lizoir de derriere C. Cette fléche s'en-fonce dans la cage D, qui eft compofée de quatre

moutons E E E E, & de deux traverſes ou entre-
toiſes FF. Le devant eſt fermé par un appui G,
rembourré en dedans R, pour garantir l'eſtomach
de celui qui mene les chevaux , ſe tenant de bout
dans la cage. Elle eſt ſoutenue ſur deux lizoirs H
H. La flèche eſt jointe par des liens de fer à la fourchette *i i*. L'avant-train ne tourne qu'avec deux
jantes de rond , une devant , & l'autre derriere les
armons. Le timon eſt rembourré à ſon commencement en V, de peur que les jarrêts des chevaux
ne ſoient bleſſés. La volée & les paloniers terminent tout le devant. On monte dans la cage au
moyen d'un étrier fait d'une bande de cuir K , attaché & cloué d'un bout à la flèche , & de l'autre
à la cage.

W O U R S T.

Le Wourſt eſt une Voiture à flèche fort légere,
inventée & uſitée en Allemagne. Elle eſt commode
pour aller à des rendez-vous de chaſſe. M. le Com-
te de Charolois s'en eſt beaucoup ſervi en ce
Païs-ci pour cet uſage. Il eſt compoſé d'une flèche longue à arcs de fer comme la flèche des Caroſſes; d'un train de devant à roues baſſes , & d'un
train de derriere , dont les roues ont aux environs
de quatre pieds de haut. La flèche eſt couverte
en entier par de petites cloiſons , qui s'élevent
aux deux côtés dans ſa longueur. Elles ſont recouvertes & fermées par-deſſus par une rembourrure
épaiſſe, & garnie de cuir & de toile. Le tout for-

Planche XI.

Fig. 1.

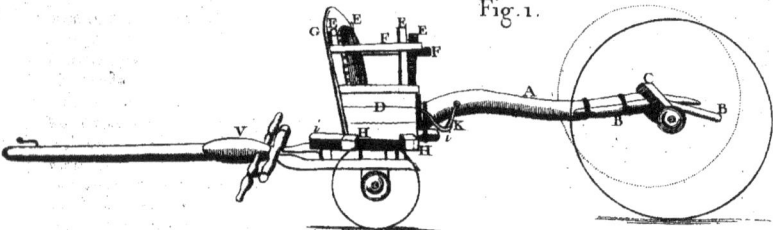

Fig. 2.

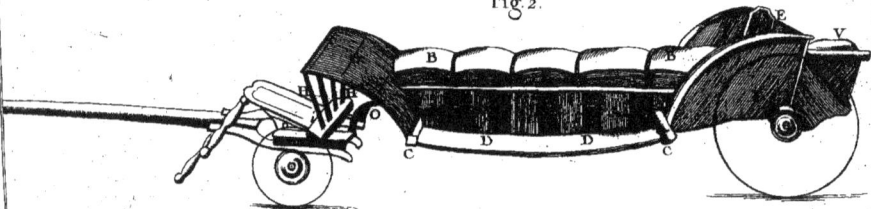

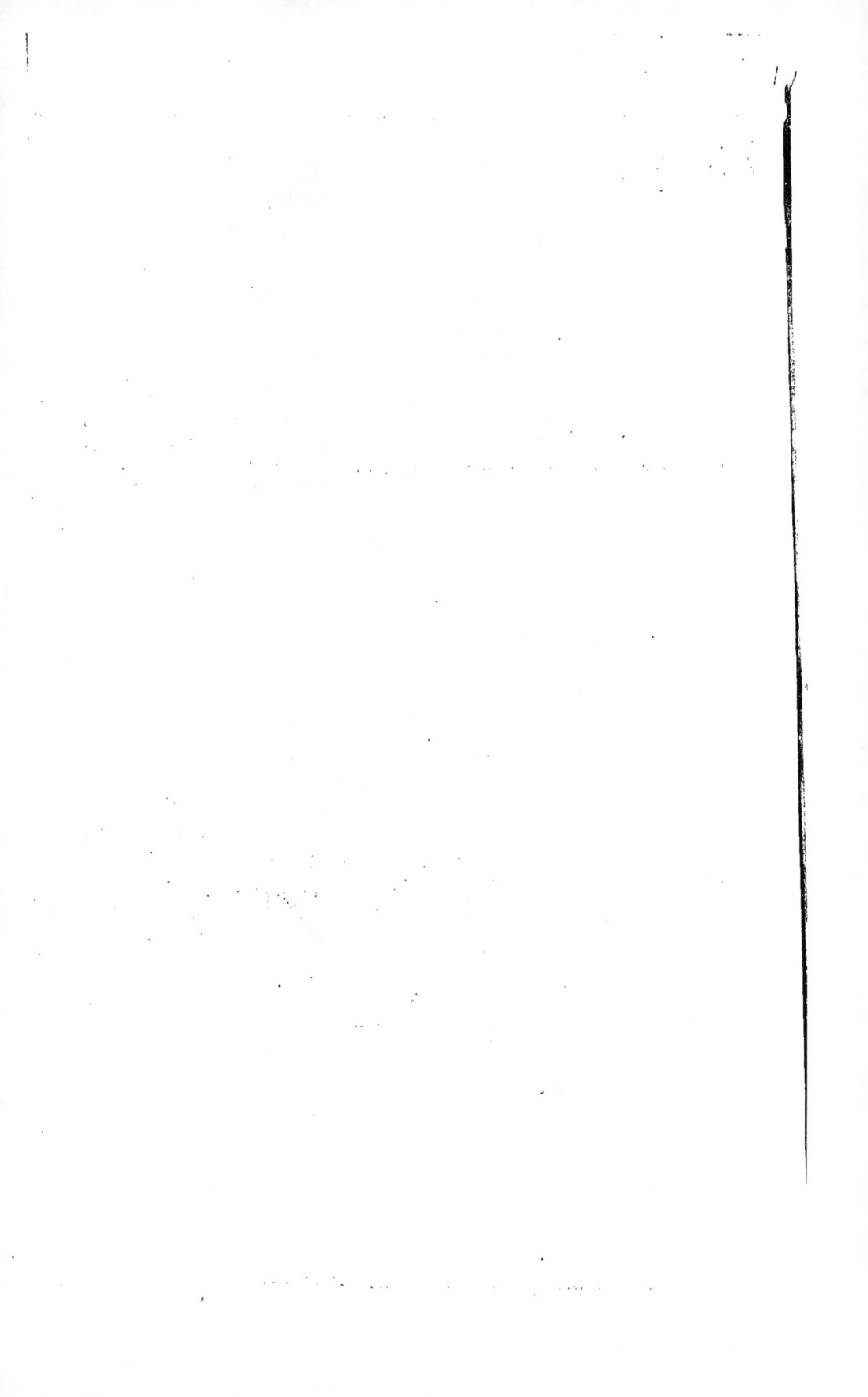

me un placet fort long : on le garnit d'étoffe, &
chacun s'affied deffus, l'un devant l'autre, jambe
deçà & delà. Les cloifons ou le bois qui foutient
la rembourrure, fe nomme *le coffre* A A, (Fig. 2 ,)
& la rembourrure B B B le boudin : deux traverfes
CC uniffent ce coffre à la fléche, & foutiennent
de chaque côté un marche-pied long, nommé la
banquette D D. Chacun après avoir monté repofe
fes pieds deffus. Le derriere de la Voiture eft
garni de cuir aux côtés des roues & derriere. Le
cuir de derriere fe nomme le doffier E : ce font
des tringles de fer qui encadrent les cuirs de côté,
qui fe nomment garde-crottes FF ou aîlerons.
Par-devant eft un chaffis de fer quarré & panché
en portion de cercle, rempli d'un cuir G, c'eft le
garde-crotte de devant. Quatre arcboutants de
fer H H, defcendent du fommet de ce chaffis, &
s'enfoncent dans le lizoir de devant. Les arcs O,
font à l'abri fous ce garde-crotte. Le fiége du laquais eft derriere en V, & fe nomme le tapecul.

DES COCHES, CABAS, CHARIOTS
A GRAND TRAIN, ET CAROSSES.

LEs Coches, les Cabas, & quelques efpeces
de Chariots, fe montent fur des grands trains à
faffoire, par les raifons que j'ai déja détaillées en
plufieurs endroits de ce Traité, principalement
en parlant du Chariot de Charboniers. Il ne refte

plus qu'à décrire le grand train, (Plance XII, Fig. 1. 2. & Fig. 5,) qui est son plan, à vûe d'oiseau.

Grand Train.

Il est composé, à son train de devant, d'un timon A, d'armons B B B B, d'une volée C, & de paloniers D. La volée tient aux armons par deux chevilles de fer ou boulons. Les paloniers tiennent à la volée Fig. 2 , par un moraillon ou gueule de loup A, un anneau B, une lamette soudée C, une lamette à crochet D pour recevoir les traits des chevaux ; une autre lamette à crochet est destinée à recevoir la corde ou chaîne accrochée à la cuillere E, Fig. 1. Cette cuillere est un crochet de fer long, finissant d'un bout en cercle de fer, & de l'autre en crochet. Le bout terminé en anneau, ou cercle, entre au bout de l'aissieu de devant, arrêté par l'écrou du moyeu : l'autre bout, fait en crochet, reçoit la chaîne, ou corde qui tient à la lamette à crochet de la volée F, Fig. 1 ou E Fig. 2.

Fig. 1 , *g* , La Sellette du Lizoir.

h , Le Lizoir.

ii , Les moutons.

ooo , Les Fourchettes traversant le lizoir , & arrêtées à la fléche par des liens de fer.

ll , Les Arboutants droits.

mm , Les Arboutants courbes.

n , Le Muffle de la fléche, dans lequel passe la cheville ouvriere.

2,

2, Le petit Aiſſieu de devant & de derriere, où aboutiſſent en bas les arcboutants droits, & au-deſſus duquel eſt une hauſſe ou gueule de loup de bois, comme auſſi au bas des arcboutants courbes. Ces gueules de loup ſont des traverſes de bois, entaillées à l'endroit où les arcboutants les rencontrent, pour ſoutenir les planches des magaſins; ces parties ſe trouvent derriere comme devant.

PPPP, Les Planches des Magaſins.

I, La Saſſoire.

O, La Fléche fortifiée par ſes liens VVVV.

r, Lizoir de derriere.

ii, Les Moutons.

sss, Empanons.

Les lignes ponctuées font voir les magaſins XX, qui ſont de grands paniers, & le corps du Coche X, qui n'eſt autre choſe qu'un Caroſſe aſſez groſſierement fait, dont la portiere Y, s'abbat pour laiſſer entrer ceux qui doivent être voi-turés.

(Fig. 5), A, Timon.

BBBBBB, Armons.

cc, Volée.

dd, Paloniers.

ee, Cuilleres.

FF, Fourchettes, & leurs liens de fer.

GG, Saſſoire.

a, Lizoir.

b, Muffle de la fléche, qui paſſe entre le lizoir &

I

la fellette, & qui eft arrêté en place, par la cheville ouvriere.

H, La Fléche, & fes quatre liens.

iiii, Les Empanons, & leurs liens de fer.

m, Le Lizoir de derriere.

Plufieurs efpeces de Voitures fe fervent du grand train, favoir quelques Caroffes de fuite du Roi; les Cabas, voitures qui contiennent feize perfonnes, fermées par du vanage d'ozier, ou des toiles peintes à l'huile ou cirées, qui voiturent de Paris dans quelques Maifons Royales; quelques Chariots, ou Voitures à ridelles évafées en entonnoir quarré qui portent des marchandifes. Ces Voitures n'ont point de moutons, & leurs ridelles & roulons tiennent fans difcontinuation, du devant au derriere, la place qu'occupent les planches de magafin aux Coches que je viens de décrire. Celles de ces Voitures, qui fe fervent de limoniere, la maintiennent en place par des entraves, comme les Chariots de Charboniers; plufieurs ont auffi comme lefdits Chariots, la facilité d'alonger, ou de racourcir la Voiture.

Il ne refte plus ici qu'à indiquer la ftructure de la volée qu'on ajoute au bout du timon dés Coches pour atteller les quatriemes chevaux. Les chaînettes de harnois, font des chaines de fer W (Fig. 1), qui tiennent toujours aux cotés du bout du timon par un crampon: au bout eft un crochet qu'on acroche dans un anneau, au poitrail du harnois des chevaux du timon. La volée de devant eſt pareillement attachée au timon par une chaîne Z, qui tient d'un bout au crochet du timon, qui eſt retourné & fermé, & par l'autre bout, garnie elle-même d'un crochet, à un crampon attaché au milieu de la volée. Toutes ces chaînes tiennent toujours au timon. On ne fait qu'acrocher la volée & les paloniers de devant à cette derniere chaîne, quand on veut atteler.

CAROSSE.

Le Caroſſe à fléche & à arcs de fer, étoit ci-devant la voiture dont tout le monde ſe ſervoit. Maintenant, depuis que les Voitures à brancards, nommées *Berlines* (parcequ'elles tirent leur origine de Berlin en Allemagne) ont été connues *ici*, & qu'on les a trouvées beaucoup plus ſûres que les Caroſſes, on ne voit plus gueres de ces derniers que chez le Roi, & pour les cérémonies, comme entrée d'Ambaſſadeurs, &c. Le Roi a auſſi, comme je viens de le dire, des Caroſſes de ſuite à fléche & à grande faſſoire.

Il eſt donc à propos de décrire le train des Fléches à arcs, & la ſuſpenſion du Caroſſe. A l'égard du corps, comme il eſt le même des Berlines anciennes, j'en réſerve une partie du détail, pour le Chapitre des Berlines, qui ſuivra celui-ci.

Dans la Figure 3, on voit le profil d'un Caroſſe tout monté, & dans la Fig. 4, le plan de la Fléche.

A, train de devant, (voyez pour le détail l'avant-train, page 51.).

B , Les deux arcs de fer attachés fermement dans les fourchettes du train de devant d'une part, & dans le bout de devant de la Fléche de l'autre, en C & en *d*.

E E , Les Refforts à écrevifle , tenants d'une part aux brifements des brancards du Caroffe, & de l'autre par leurs mains de fer·O O aux foûpentes D D D D , qui vont rendre aux moutons devant, & derriere F F.

H , Entretoife de derriere , attachée aux moutons.

Fig. 4 , A , La Fléche.
b b , Encaftrures d'arcs.
C , Lizoir de derriere.
D D D D , Empanons.
E E , Arcs de fer.

Corps du Caroffe , Fig. 3.

a , L'Impériale, ou Pavillon couvert de cuir noir , foutenu par un bâtis de menuiferie , compofé d'un ovale dans le milieu, où viennent rendre plufieurs courbes , qui partent du pourtour : le tout recouvert d'une planchéieure fort mince.

b b , La Gouttiere de cuir ornée & affermie le long de l'impériale par de très gros clouds dorés, derriere lefquels on en mettoit de moindres, nommés clouds de jonc. Le bord extérieur étoit garni de clouds mordants, qui avoient deux queues qu'on replioit à droite & à gauche fous la gout-

tiere, parcequ'ils ne tenoient que dans ſon épaiſſeur.

e, Cuſtode, ou quartiers de cuir, garnis de
pluſieurs rangs de petits clouds dorés, nommés
clouds bordelets, ſervant d'ornement : ou bien
panneaux volants f, qu'on ôte quand on veut ouvrir entierement la Voiture pour avoir de l'air. On
a mis auſſi des glaces au lieu de panneaux, mais la
méthode en eſt dangereuſe par les bleſſures qui
ſont arrivées, quand ces glaces ont caſſé par quelque accident, ſur-tout par celui de verſer.

gg, Friſes.

h, Grand Panneau.

ii, Petits Panneaux, ou d'à-côté.

ll, Pieds Corniers.

mm, Briſements.

Toutes ces pieces, qui compoſent le corps du
Caroſſe, étoient peintes à l'huile, avec armes,
chiffres, ornements; mais maintenant quaſi toutes les Voitures ſont vernies : on y ajoute des
payſages, fleurs, &c. qui mériteroient ſouvent
d'avoir place dans les Cabinets curieux, auprès des
plus beaux morceaux de peinture. Quand la portiere gg eſt ouverte, on découvre le marche-pied,
ou la marche qui eſt logée dans un creux ou botte. Si on veut deſcendre on fait ſortir (la portiere
ouverte) le marche-pied de ſa botte : il tombe ou
plûtôt tourne ſur ſes boulons, alors on met le pied
ſur la marche, & on deſcend. Les Caroſſes avoient
huit pommes de fonte, dorées ZZZZ : maintenant

on orne l'impériale tout différemment, comme on
verra au Chapitre fuivant.

DES BERLINES,

VOITURES A BRANCARDS, ET A QUATRE ROUES.

LEs Berlines ont fuccédé, comme il eft dit au
Chapitre précédent, aux Caroffes. Une des prin-
cipales raifons, eft que quand une foûpente man-
quoît à un Caroffe, il falloit qu'il verfât fur le côté :
mais fi pareille chofe arrive à une Berline, elle
ne fait que fe pencher fur le brancard, qui la foutient. Le nombre affez grand de ceux qui ont peur
en Voiture, à été fuffifant pour profcrire les Caroffes & adopter les Berlines, où on eft fans doute plus en fûreré.

La Planche XIII fait voir une Berline montée fur
fon train, Fig. 1. La Fig. 2, eft le plan à vûe d'oifeau. La Fig. 3 & 4, eft le cric, & la Fig. 5, l'ana-
lyfe d'un Store. Anciennement les Berlines étoient
taillées comme les Caroffes avec frifes & aîlerons :
maintenant on a fimplifié cette forme, & les
clouds dorés font quafi abolis. Au lieu de l'impériale ancienne, c'eft une impériale à l'Allemande,
qui ne me paroît pas d'une auffi belle forme que
l'ancienne : cependant elle eft beaucoup en ufage.
On fait couler à fond les panneaux de côté, comme les glaces : ce qui eft fort commode. On a fufpendu bas les berlines, enfuite fi haut, qu'il y

Pl. XII.

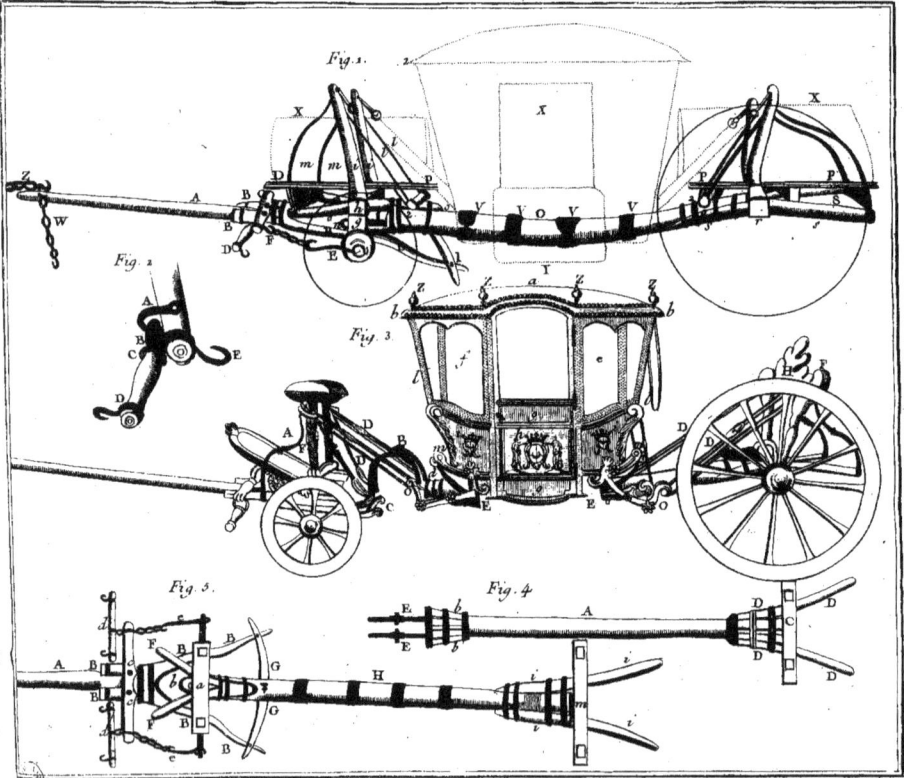

avoit des portes cocheres où elles ne pouvoient entrer. On les fufpend à préfent plus modérément & convenablement pour la hauteur. Je vais maintenant détailler toutes les piéces tant du train que du corps, dehors & dedans.

Planche XIII, Fig. 1, A l'Avant-train ou le train de devant, voyez pag. 51.

B, La Planche de devant: on n'en met plus gueres à préfent, que pour les Voitures de Campagne. Elle eft ôtée dans le plan; & à fon lieu, il y a une traverfe, qu'on nomme la traverfe de parade.

CCC, Un des deux Brancards.

D, Un des deux Empanons.

Le brancard à fon devant eft arrêté du côté intérieur au mouton, & pour fecond point à la traverfe de fupport: par derriere au lizoir de derriere. Je montrerai tout ceci mieux en détaillant le plan Fig. 2. on y verra auffi le chemin des foûpentes qu'on voit à cette Figure-ci, fous les lettres *aaa*.

EE, Planches de derriere pour les laquais: à celle qui fe termine aux brancards aboutiffent les arcboutants droit FF, qui partent du haut des moutons de derriere.

GG, Arcboutants courbes, qui du haut des moutons par-derriere vont s'attacher au bout des Empanons D.

H, Cric, qui fert à tendre la foûpente.

i, Entretoife qui eft une traverfe fculptée, d'un

mouton à l'autre. Beaucoup ne mettent plus cette entretoife, trouvant les moutons affez affûrés
en leurs places, par leurs arcboutants.

L, Marchepied.

m, Rembourure du Brancard, vis-à-vis du marchepied, de peur de fe bleffer contre le bois, en
montant.

n n, Cave.

2 2, Brancard du corps de la Berline.

3 3 3 3, Pieds d'Entrée.

4 4 4 4, Pieds Corniers.

5, Grand Panneau.

6 6, Petits Panneaux.

7 7, Cuftodes, ou Quartiers.

8 8, Panneaux volants recouverts de cuir noir,
& qui defcendent à fond quand on veut.

9 9, Corniche.

10 10 10, Baguettes, & Fleurons de bronze
ou fonte, dorées.

11, Pavillon, ou deffus de l'Impériale.

12, Glace d'à-côté. La Glace de devant eft
en face du fiége.

La Portiere, en général, eft marquée par les
chiffres 5 & 12. Elle ouvre fur trois fiches, & ferme par un loquet à olive, de bronze doré.

En général, on appelle les Corps, tous les montants & traverfes de menuiferie, qui enferment les
panneaux, on les dore communément ; ce qui fe
nomme dorer les corps. On dore auffi quelquefois
les panneaux : alors toute la Voiture eft dorée.

Vernis.

Vernis.

On fe contentoit autrefois de mettre en peinture fes armes fur le grand panneau d'à-côté, de devant & de derriere ; le tout peint à l'huile : mais depuis que Martin, & d'après lui d'autres Peintres-Verniffeurs, ont perfectionné les vernis à un point éminent, il fe fait fur les Caroffes de toutes fortes de figures, bois des Indes, agathes, payfages, Divinités. Quelques-unes de ces peintures font fi belles, qu'elles tiendroient leurs places parmi les meilleurs tableaux. Le poli du vernis qu'on y ajoute eft fi fin, qu'il reffemble à une glace, & qu'on fe mire dedans. Ou bien on ne met fur tout le Caroffe qu'une feule couleur, que le vernis fait valoir au mieux. Le noir même y devient éclatant.

W W W W, Courroies de Guindages, hautes & baffes, pour adoucir les coups de côté.

On met maintenant des refforts à la Dalem, aux moutons de derriere des *Berlines,* ainfi que des refforts par-devant. Alors les foûpentes du bout pliant du reffort, vont à des mains de fer attachées vers le bas, devant & derriere la Berline.

(*Figure* 2).

A, Timon.
B, Coquille.
C, Traverfe de Coquille.
e, Traverfe de Soupentes.
f, Lizoir de devant.
gg, Moutons de devant.

K

h h h , Double rond.

i i , Fourchettes,

l l , Traverſe de ſupport.

O , Traverſe de parade.

p p , Soûpentes , allant de la traverſe e , aux crics
yy.

q q q q , Brancards.

r r , Planches de derriere.

s s s s , Arboutants droïts , tant devant que derriere.

d d d d , Arboutants courbes , taut devant que derriere.

x x , Empanons , ou bouts de Brancards.

T , Entretoiſe des Moutons de derriere.

V V , Marchepieds.

Cric.

(La Figure 3) , eſt le détail d'un cric , deſtiné
dans les Voitures , à tendre les Soûpentes
bredies ſur leurs traverſes au train de devant.

A , Roue endentée.

B , Pivots du cric.

C , Moraïllon.

(Figure 4). Le Cric en ſon entier , vû de face.

a a , Les 2 Roues endentées.

b , Arbre du Cric , avec les trous où paſſent les
dents de loup , qui arrêtent les ſoûpentes.

C , Dents de Loup.

d , Moraillon à charniere , qui arboute dans les
dents des roues , pour les empêcher de tourner.

ee, Pivots, qui tiennent le Cric en place.

On tourne les roues & l'arbre par une clef, qui entourre le quarré *f*.

Store.

La Figure 5, eſt un Store à nu, & recouvert de ſa boîte de fer-blanc.

A, eſt le fil de fer tourné en reſſort à boudin ſur un petit bâton, & arrêté par les deux bouts en *ee*.

On l'enferme dans la boîte de fer-blanc B, qu'on cloue aux deux bouts du bâton : on recouvre cette boîte d'une bande de toile ou autre étoffe, tournée autour en ſpirale *dd*, afin d'y coudre le rideau, qui eſt toujours de taffetas en dedans de la voiture, & de cuir ou de toile cirée, quand il eſt en dehors des glaces. On tourne ce rideau autour du ſtore, puis on attache les deux bouts du ſtore (qui ſont, d'un côté un cloud ſans tête, & de l'autre un anneau EE) au-deſſus des glaces en dedans, ou en dehors à l'impériale. Le bâton ou noyau du ſtore, tourne ſur ces deux axes de fer arrêtés à l'impériale. Lors qu'on tire en bas le rideau, le reſſort à boudin ſe ſerre ſur lui-même ; & lorſqu'on lâche le rideau, le reſſort tendant à ſe remettre en ſon premier état, le fait remonter juſqu'en haut.

Store à Cric.

On ajoute à ces reſſorts un petit cric, pour plus grande commodité. Par le moyen de ce cric, on arrête le rideau à la hauteur qu'on veut.

Diligences.

On met fur le train des Berlines à quatre places, plufieurs autres corps de Voitures, comme des Vis-à-vis, qui ne font qu'à deux places, l'une vis-à-vis de l'autre ; des *Berlines coupées*, dont on a fupprimé les deux places de devant. 3 3 devient pied cornier, & fe trouve à côté de la portiere, ou à la place du ci-devant pied d'entrée 3 3. Lorfque ces Berlines coupées, font conftruites légerement, & qu'on y ajoute un train léger &court, on les appelle des *Diligences*.

Variétés des Voitures.

Toutes ces conftructions, quelques formes qu'elles prennent, partent toujours de la même baze, & fe font par les mêmes principes : c'eft pourquoi, qui connoît la ftructure du train & du corps d'une Berline à quatre places, ou à deux fonds, & à quatre roues, eft au fait, pour l'effentiel, de toutes les autres variétés des Voitures, qui fe placent entre deux brancards. On n'auroit jamais fini en Eftampes & en Defcriptions, fi on entreprenoit de les deffiner toutes, foit agréables & utiles, ou ridicules & falottes. Les Caroffes ne varioient pas tant, il n'y avoit que des Caroffes à deux fonds & coupés.

On a de même mis plufieurs efpeces de corps fur les Voitures à deux roues, & à brancards. La Chaife de Pofte eft la plus ancienne, enfuite font venues les Chaifes à deux places. Celles à l'Italienne, ou Soufflets, Culs de Singe, Sabots, &c. Et enfin Cabriolets, & Diables, de toutes formes; quand on veut tout cela à quatre roues, on y ajoute un avant-train.

Coupe d'une Berline.

Refte à faire connoître l'intérieur d'une Berline, qui eft la même chofe que celui d'un Caroffe, & d'une Chaife de Pofte, à quelques diminutions ou augmentations près.

La Figure 1 de la Planche XIV, fait voir la coupe d'une Berline, vûe par le côté.

AAAA, Les Cuftodes, & les Panneaux.

B, La Portiere.

CC, Les Panneaux volants.

Tout cela eft rembourré comme les fauteuils de chambres, mais beaucoup moins épais, & enfuite recouvert par l'étoffe qu'on a choifie, foit drap, velours plein, cizelé, damas, damas d'Abbeville, velours d'Utrecht, &c. toutes les piéces bordées avec du cordonnet de foie. Autrefois on les terminoit par des rangs de petits clouds dorés, nommés clouds à lentille.

D, Eft le Plafond. On en recouvre ordinairement les planches de cuir rouge. C'eft dans le plafond qu'eft l'ouverture, ou volet qui ferme la cave E.

F, La Place qu'occupe la Glace de devant.

GG, Accotoirs, ou Accoudoirs, rembourés.

H, Deffous de l'Impériale, garni d'étoffe.

MM, Frange de foie, & Cordon de foie au

deſſus, qui ſuit toutes les inflections de l'impériale, & qui fait tout le tour de la Voiture en dedans.

NN, Dedans des Coffres.

oo, Parcloſe, ou Bordure de bois, qui entoure
les coffres par en haut, & qui reçoit le deſſus.

PP, Couſſins, garnis de plumes, & recouverts d'étoffe.

q, Doſſier du fond de derriere, rembourré,
recouvert d'étoffe, ſur laquelle on met un rideau
de taffetas, pour la garantir de la poudre.

CALECHE, CHAISE A L'ITALIENNE,

ou Soufflet, et Limoniere.

J'AI choiſi parmi toutes les variétés des Voitures,
qui ſe mettent entre deux brancards, les corps
de la Caleche, qui eſt ordinairement à quatre
roues, & de la Chaiſe à l'Italienne ou Soufflet, à
laquelle on ne met le plus ſouvent que deux roues.
Pluſieurs perſonnes ſe ſervent d'une petite Berline coupée, dont j'ai parlé ſous le nom de Diligence, avec une Limoniere. Cette Voiture légere ſeroit même une eſpece de diligence, ſi elle avoit
un timon, où il y eût deux chevaux attelés : mais
communément la fortune de ceux qui s'en ſervent,
n'eſt pas aſſez conſidérable pour nourrir deux chevaux ; ils n'ont qu'un cheval. Ils ajuſtent donc une
Limoniere au train de devant ; cette Limoniere
s'ôte, quand on a fait fortune, on met un timon à
la place & deux chevaux. Les Ouvriers appellent

Fig. 4.

Fig. 3.

Fig. 1.

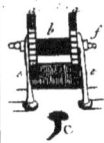

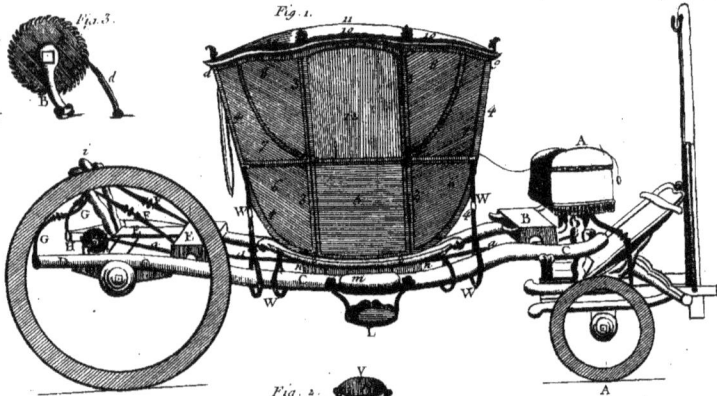

Fig. 2.

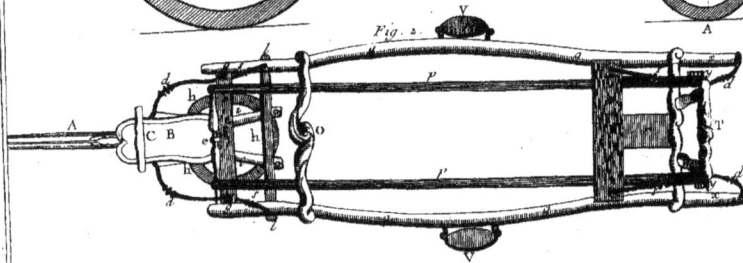

Fig. 5.

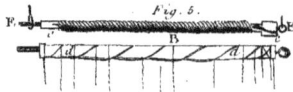

ces Voitures à Limonieres, des demi-fortunes. Je ne décris ici que la Limoniere : le reste de la voiture étant tout à fait ressemblant aux Berlines coupées.

Fig. 2. A , Fourchettes , Rond , Lisoir , Volée & Tirants des trains de devant ordinaires : toutes ces piéces sont ombrées hors la limoniere.

c c c c , Limons de la Limoniere , ou Brancards.

D , Traverse de devant.

E , Traverse de derriere , qui se tient sous la volée.

g , Timon de la Limoniere , nommé Testard.

Le cheval s'attelle par-devant, au moyen de deux reculements de cuir , qui entourent les bouts des limons en R R , & vont au poitrail ; & par derriere , ses traits sont attachés à la volée en *q q.*

Dans la Figure 3 , on voit la forme du corps d'une Caleche. Cette voiture est assez commune , & ancienne.

A A , Les Moutons de fer , qui soutiennent l'Impériale.

B B , Deux Portieres pour les places de devant & du milieu ; ainsi que du fond D , ce qui fait cinq ou six places.

E , Brancard de la Caleche.

On ajoute à ces voitures , quand on veut , des rideaux de cuir ou de toile cirée , tenus par des tringles sous l'impériale , pour les fermer dans les mauvais tems.

Les jeunes gens aiment beaucoup à mener ces

fortes de voitures légeres, qui ne fervent gueres
qu'à la promenade. Ils y réuffiffent quand ils favent mener, & non quand ils croient le favoir :
alors ils courent des dangers, ainfi que la compa-
gnie. Mener eft une chôfe fort aifée, & fort diffi-
cile. Des chevaux faits, qui ont la bouche à pleine main, & fans fantaifie ni peur, vont quafi tout
feuls, & font fort aifés à mener : fi cependant celui qui les mene n'y entend rien, il accrochera,
verfera, & rebutera fes chevaux en remifant ; leur
pourra même gâter la bouche, fans feulement s'en
douter. Mais le comble des dangers pour ce jeune homme, s'il eft jeune téméraire, c'eft d'entre-
prendre de conduire de jeunes chevaux pas encore dreffés, des chevaux très fenfibles, coleriques,
fantafques, peureux, vifant au retif, fans cependant l'être, la bouche forte, &c. Alors gare la
déconfiture totale de lui & de l'équipage. Je l'a-
bandonne, & je le perds de vûe.

· La Figure 4, repréfente le profil d'un Soufflet,
invention venue d'Italie, qui eft encore très communément employée dans ce Pays-ci, parcequ'elle eft légere, de peu de frais, & qu'elle fupplée
affez bien à la Chaife de Pofte. On la met ordinairement fur deux roues. Celle-ci eft faite en Sabot.

A, Sabot, avec fon Brancard B.

C, Soufflet de cuir à charniere en D. Cette charniere, qui tient les trois cerceaux de fer, nommés
cerceaux d'impériale, fe nomme *vis à la romaine*.

E, Tringle de fer, nommée arboutant à charniere,

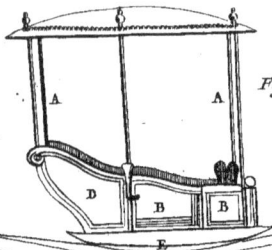

Fig. 3.

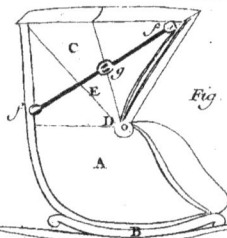

Fig. 4.

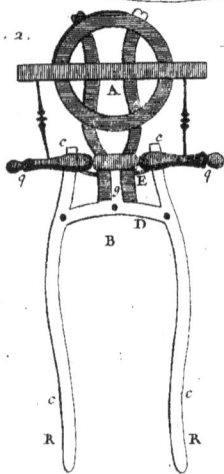

Fig. 2.

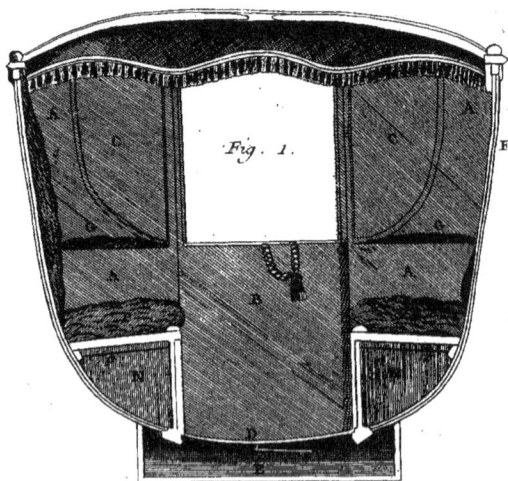

Fig. 1.

niere, attachée ferme par les deux bouts *ff*, & la charniere en *g*; le tout recouvert de cuir. A cette Chaise-ci, j'ai mis l'arcboutant en dehors; il y en a auxquelles il est en dedans, dans cette même situation. Il y a un arcboutant de chaque côté; leur usage est de tenir le Soufflet tendu, & en devant.

Entre la doublure du dedans du Soufflet, qui est de serge ou de drap, & le cuir du dehors, coulent les cerceaux d'impériale de chaque côté, qui vont tous aboutir à la vis à la romaine D, qui est leur centre. Lorsqu'on veut plier le Soufflet, c'est-à-dire, le renverser en arriere, on commence à le détendre en faisant plier en bas la charniere *g*, de l'arcboutant E; alors le Soufflet étant détendu, on le renverse par-dessus le dossier, & on se trouve comme dans un fauteuil à découvert : on jouit du beau tems, & on se remet à l'abri en le retendant. Le bout du devant est garni de deux tringles, où coulent des rideaux de cuir, au milieu desquels on forme des jours ovals, clos par des petites glaces, pour voir clair dans la voiture quand tout est fermé.

DES VOITURES SANS ROUES,

SAVOIR,

BRANCARD, LITIERE & CHAISE A PORTEUR.

IL ne reste plus qu'à décrire les Voitures sans roues : il n'y en a que de deux sortes, les Litieres

L

& les Chaifes à Porteur ; ce qu'on nomme un Brancard, n'eſt autre choſe qu'un grand panier d'ozier
entre deux Brancards, mené par deux mulets,
comme une Litiere. On met dedans ce qu'on veut
tranſporter. Je vais donc commencer par les Litieres publiques, & enſuite les Litieres de Maiſon,
à cauſe de quelques petites différences entre les
deux.

LITIERES.

Les Litieres ont été imaginées, pour être voitu-
ré doucement & ſûrement, & pour pouvoir paſſer
dans des chemins impraticables aux voitures à
roues, comme des ſentiers dans les hautes montagnes, ou dans des chemins très étroits. Cette voiture eſt fort commode pour tranſporter les mala-
des. On n'y ſent aucun cahos. On eſt porté ſur
le dos d'animaux qui ont les reins très forts, qui
vont un pas réglé, & qui ont la jambe extrêmement ſûre : qualités éminentes des mulets, ſur le
dos deſquels on aſſied la Litiere. Il eſt vrai que
cette voiture eſt très lente, & que le balancement
des épaules des mulets importune : mais la néceſ-
ſité contraint la loi.

La Figure 1, (Planche XV), fait voir le profil d'une Litiere dans ſes brancards, & la Fig. 2,
eſt le plan des brancards.

Une Litiere eſt une eſpece de Berline groſſiere :
c'eſt pourquoi quand au corps de la voiture, je
n'en décrirai que quelques circonſtances parti-

culieres. L'impériale A A, eſt couverte de toile
cirée ; les quartiers B B ſont de cuir, & les panneaux C C C ſont de bois peint à l'huile. Aux Litieres publiques, telles que celle que j'ai deſſinée,
on eſt obligé de paſſer par-deſſus les brancards
pour entrer dedans : & comme l'ouverture eſt
trop baſſe, on a été obligé de couper l'impériale
de chaque côté, de façon qu'il n'y a que la barre
de bois recouverte M, qui joigne le devant au
derriere de l'impériale. Quand il s'agit donc de
monter dans une Litiere publique, le Muletier
vous prend à braſſe-corps, vous éleve au-deſſus
des brancards, & vous fourre pour ainſi dire dedans : il a précédemment relevé la partie de l'impériale, qui eſt au-deſſus de la portiere. Cette
partie de l'impériale, nommée mantelet, eſt compoſée de bandes de cuir dur *a a*, recouvertes en
deſſus de toile cirée, & en deſſous de l'étoffe qui
garnit le dedans : l'intervalle entre deux planches
de cuir fort, fait charniere. Quand on eſt placé, il
rabat cette portion d'impériale qui recouvre l'ouverture ; les glaces ſont de bois comme aux Fiacres ; on peut ſe mettre deux dans une Litiere.
C'eſt un eſpece de vis-à-vis.

    D D D, Deux ſupports de fer rond, de chaque
côté, attachés aux pieds corniers, ſervant ſeuls
à ſuſpendre la Litiere, ſur les deux brancards.

    Les Brancards R R R R, ont quinze à ſeize pieds
de long, & ſont fort gros. Leurs bouts ſont garnis
de cuir pour recevoir les doſſieres qui paſſent ſur

L ij

la fellette des mulets. Ces doffieres font arrêtées
en place par deux chevilles à chaque bout S S S S :
deux traverfes O O, qui tiennent un brancard à
l'autre, & qui font juftes au corps de la Litiere,
coulent le long du devant, & du derriere à moitié
hauteur : quatre tirants de fer les fortifient. Il y a
un anneau P de fer à celle de derriere, pour y
attacher la longe du cadenat ou licol du mulet
de derriere.

Fig. 2, A A A A, Brancards.

B B, Traverfes, garnies en deffus de bandes de
fer.

C C C C, Tirans de fer.

D, Anneau pour le cadenat du mulet de derriere.

On voit que les Brancards font plus longs derriere que devant, à caufe que le mulet de derriere doit avoir la facilité de voir à fes pieds, & affez d'efpace, étant enfermé devant lui dans les
Brancards ; au lieu que le mulet de devant, eft
pour ainfi dire en liberté, n'ayant que les côtés
& la croupe entre les Brancards.

Les Litieres de Maifon, qu'on fait faire exprès
pour fon ufage, font premierement plus proprement faites : de plus il y a deux portieres comme
aux autres Voitures, ce qui fait que les brancards
font coupés vis-à-vis des portieres : ainfi il y a
quatre brancards au lieu de deux ; on les attache bien avec de fortes ferrures. Ils font fort fo-
lides, fujets feulement à s'enfoncer dans la voitu-

Planche XV.

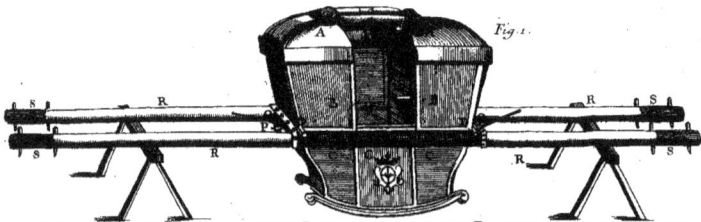

Fig. 1.

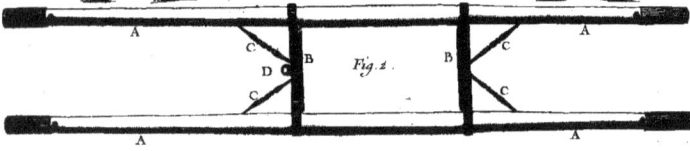

Fig. 2.

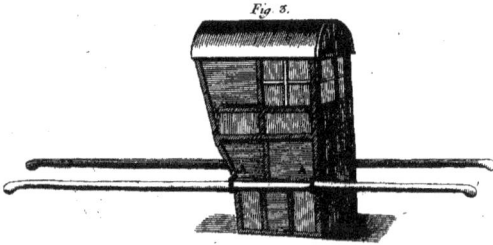

Fig. 3.

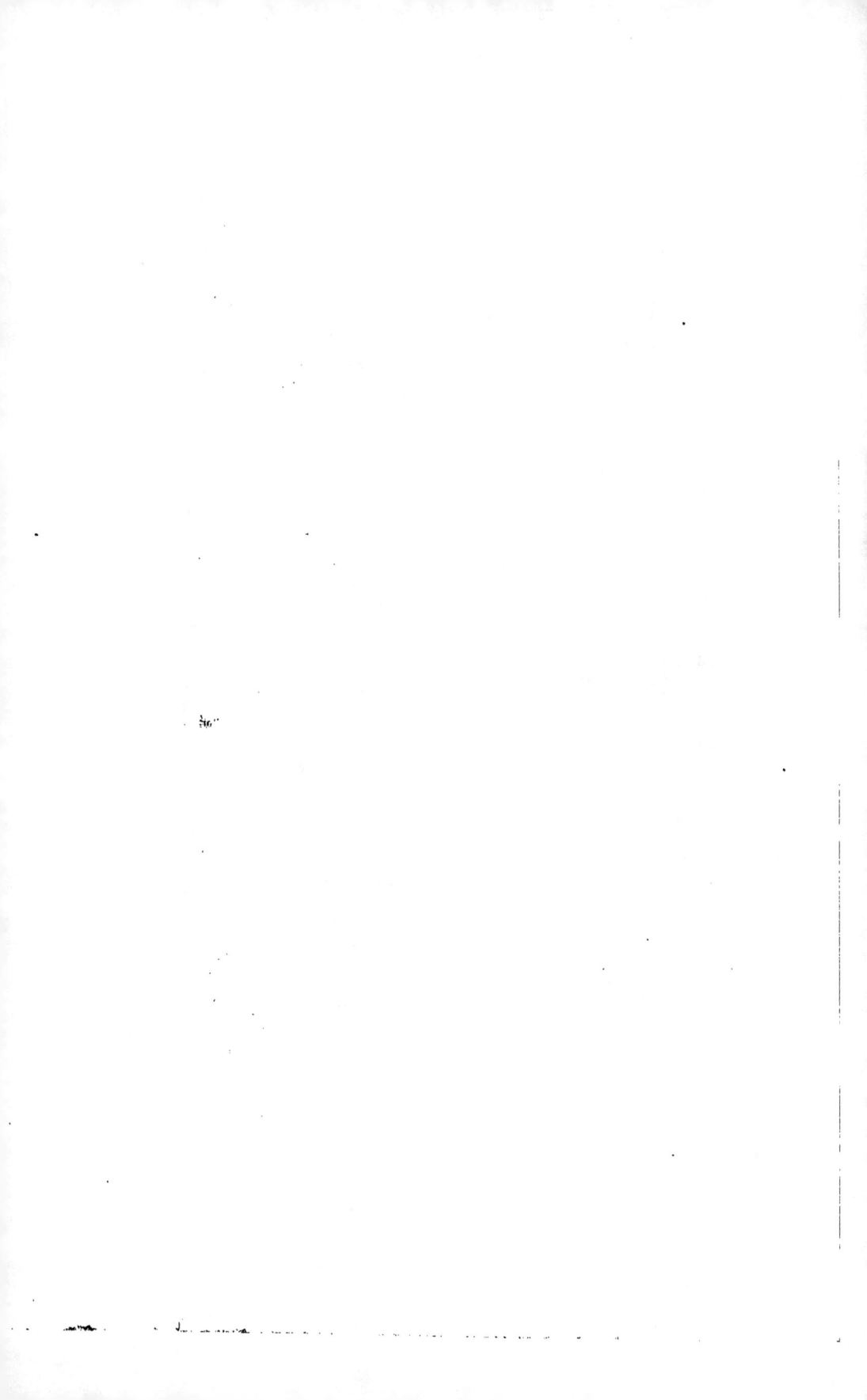

re à l'endroit des portieres, où ils font taillés en bizeau : le mouvement des épaules des mulets tend à les ferrer en ces endroits : à cela il faut fortifier de bois vis-à-vis en dedans, & cet inconvénient fera évité. On voit une Litiere de Maifon, dans la Planche du nouveau parfait Maréchal. Elle eft attellée & conduite par le Muletier : elle en donnera fuffifamment l'idée.

CHAISE A PORTEUR.

La Chaife à Porteur, eft une voiture qui ne fert que dans les Villes, où on eft porté par deux hommes, comme on l'eft dans une Litiere par deux mulets. C'eft une Voiture bien fimple, la Planche XV, (Fig. 3), en fait voir fuffifamment la ftructure, à-peu-près femblable à celle de la Roulette, Planche IX. Les bâtons font à dix-huit pouces du bas, & s'otent des pentures AA, quand on veut. Le Porteur de derriere à plus long de bâtons que celui de devant, par les mêmes raifons, citées aux Litieres.

Il y a aufli ce qu'on appelle Brancards, portés par deux hommes, qui ne font autre chofe que deux Brancards, joints dans un certain efpace au milieu, par plufieurs traverfes, & quatre pieds de bois. Ces Brancards fervent dans les déménagements à porter des chofes fragiles, comme des glaces, des tableaux à bordure dorée, &c.

DES DIVERSES SOUPENTES,

ET DES RESSORTS DE CORDE.

LEs Soupentes de cuir font des plus anciennes : cependant je crois qu'on a commencé à fufpendre les voitures avec des cordes de chanvre. Elles font bonnes , & aifées à trouver en cas de rupture ; mais elles ne font pas belles à la vûe. Les Soupentes de cuir ont été faites larges de trois à quatre pouces. Quand à force de tenfion & de foubrefaults , ces deux efpeces ont perdu leurs élafticité, la Voiture en devient plus rude , & enfin très rude. C'eft ce qui a fait imaginer les Refforts de fer : mais comme ils ne laiffent pas d'être coûteux, quelques-uns en ont fait de bois de frêne, efpece de bois qui ne fe fend jamais qu'en long. Comme cependant le plus fimple & le moins coûteux, eft les Soupentes fans refforts, on a cherché ce qui pouvoit être employé en matieres les plus élaftiques. On a donc fait depuis peu des Soupentes de corde de crin ; elles n'ont pas réuffi à caufe du peu de liaifon de cette efpece de corde , qui fait qu'elles rompent : maintenant on fe fert de cordes avec le nerf de la jambe du bœuf. Celles-ci font très bonnes à caufe qu'en général tous les tendons, que le vulgaire appelle nerfs, tendent à fe refferrer après avoir été étendus. Mais il arrive de ceux-ci, que chaque filament du nerf qu'on a employé, n'ayant pas un pied de long, la corde eſt foible faute de liaiſon. On met cinq ou ſix cordes d'environ ſix à huit lignes de diametre, à côté l'une de l'autre, on les y faufille, on les graiſſe, & on les couvre & entoure de cuir noir. Cela fait des Soupentes plates, qui durent quatre ans ou environ, après quoi il faut les renouveller.

Une des choſes la mieux imaginée, pour la douceur & la durée, eſt celle que je vais décrire. Ce n'eſt point des Soupentes, c'eſt des reſſorts : ils ne ſont ni de fer ni de bois, mais de cordes à boïau.

Toute corde à boyau eſt faite de boyau de mouton : celui qu'on emploie à la fabrique, eſt un boyau qui, nettoyé & bien lavé, a environ trois aunes de long, & devient plat de la largeur d'un petit ruban, qu'on appelle nompareille. On coud avec des lanieres minces des mêmes boyaux, ces petits boyaux l'un au bout de l'autre, ſuivant la longueur qu'on veut donner à ſa corde, & on la fait ſi épaiſſe que l'on veut, en ajoutant plus ou moins de boyaux. On commence à les tordre enſemble tout mouillés, ce qu'on recommence pluſieurs fois à meſure qu'ils ſéchent. On conçoit qu'en ſéchant la corde amincit, & que pour en faire une de huit lignes de diametre, telle que celle dont je vais parler ; il faut furieuſement de boyaux. Quand cette eſpece de corde eſt ſéche, elle eſt pleine & plus dure à couper que le bout de tabac le plus ſerré, à quoi elle reſſemble parfaitement. De toutes les cordes il n'y en a pas une mieux liée, plus forte & plus élaſtique que celle-ci: il eſt vrai qu'elle ſe relâche & ſe reſſerre d'elle-même ſuivant l'humidité ou la ſéchereſſe du tems ; mais il y a remede à cet inconvénient. Nous l'indiquerons ci-deſſous.

Connoiſſant donc toutes les propriétés de cette corde, on en a compoſé des reſſorts, dont voici la deſcription, Planche XVI.

A A, Rouleau, ou rond de bois tourné, d'un pied de diametre & de quatre pouces de large, terminé à ſon centre par deux fuſées de la même piece, chacune de trois pouces de diametre, B longue, C courte : ce morceau de bois ainſi conſtruit, ſert de noyau aux cordes. On garnit le tour A du Rouleau, d'une Frette de fer.

On perce autour de la circonférence des fuſées, 7 trous EE de part en part, tout auprès de la fuſée.

C'eſt dans ces trous que paſſeront les cordes.

Dans le milieu de l'eſpace où on veut placer les Soupentes, on attache ferme à deux traverſes un bâton ou garot rond D.

Le tout ainſi diſpoſé, on a une corde à boyau de trente pieds de long ou environ, & de huit lignes de diametre pour les deux reſſorts de derriere : on commence par la lier ou nouer par un bout au brancard en G ; on la paſſe dans un des trous E, de-là autour du garot D : on revient au trou oppoſé, delà au brancard, &c &c ; quand tous ces tours ont rempli les ſept trous, le reſſort eſt

fait

fait, on en fait autant de l'autre côté.

On place le bout de chaque Soupente au milieu de la largueur du rouleau : on l'y arrête ferme, puis on la tire vers la Voiture ; le rouleau tourne, les cordes suivent, & en se tortillant elles
s'appuient & se reposent sur les fusées, prêtes à
s'en retourner, si on lâchoit la Soupente qu'on
tient. Quand la tension est suffisante, on arrête la
Soupente à une main, ou à un cric, attaché à la
Voiture ; ainsi des autres, tant derriere que devant :
j'aimerois mieux une main à rouleau, & boucler
la Soupente, pour pouvoir la retendre en cas de
besoin. Les rouleaux du devant sont suffisans à huit
pouces de diametre. Il faut faire attention que
l'endroit où l'on a attaché le bout de la Soupente,
se trouve en dessous quand elle est tendue. On
graisse de tems en tems les cordes à boyau, avec
une pâte épaisse de savon blanc, qu'on a délayée
dans un peu d'eau : l'huile ni la graisse ni vaut rien ;
elles les brûlent.

On couvre ces ressorts de toile ou de cuir : on
les met ordinairement sous les planches de devant
& de derriere.

Il y a quinze ans que Monsieur le Maréchal de
Richelieu en a une Voiture, qu'il nomme sa *Dor-
meuse*, avec laquelle il a fait de grands voyages.
Rien n'a encore manqué.

J'oubliois de dire que pour faciliter la tension,
on passe pendant l'opération un bâton dans un
des trous H H H, qu'on a faits exprès, qui em-

M

pêche les cordes déja tendues, de s'en retourner au-delà de l'appui, que prend le bâton fur le btancard & fur le garot. On recommence à tendre & enfuite à arrêter, jufqu'à ce qu'étant parvenu au point défiré, on ait accroché la Soupente.

APPROBATION.

J'AI lû, par ordre de Monfeigneur le Chancelier, un Manufcrit, intitulé *Traité des Voitures*; & je n'y ai rien trouvé qui doive en empêcher l'impreffion. A Paris, ce 21 Septembre 1755.

DE PARCIEUX.

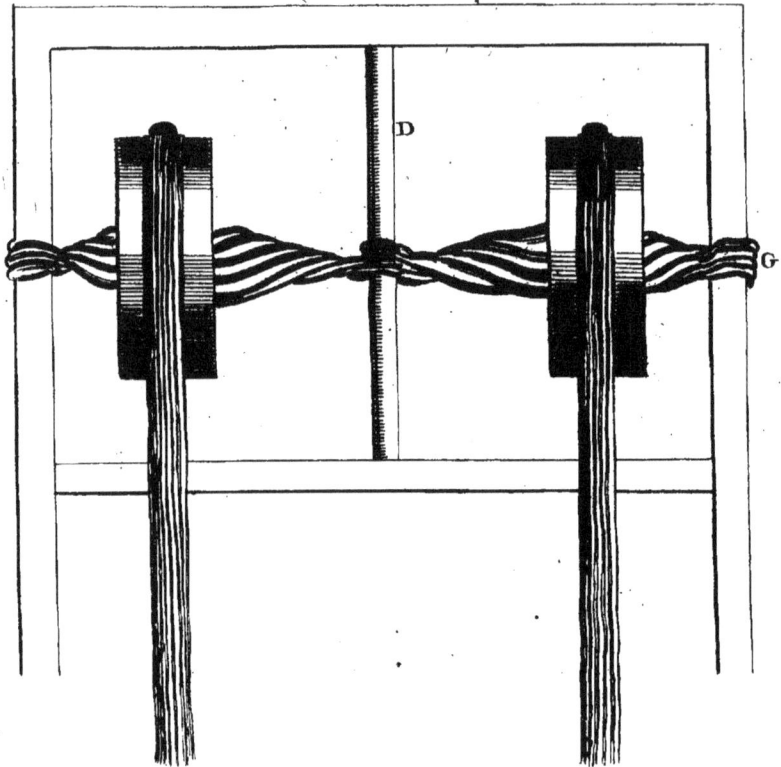

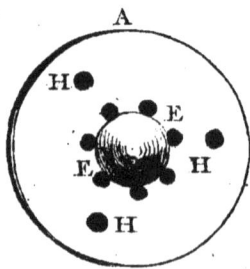

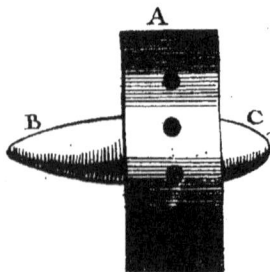

L'INVERSABLE,

O U

VOITURE

EN FORME DE BERLINE,

Conſtruite & arrangée ſur un ſyſtême nouveau,
par l'Auteur du Parfait Maréchal.

JE n'ai pas ajouté, à la ſeconde des deux précédentes Editions de mon nouveau Parfait Maréchal, un Traité des Voitures : mes matériaux n'é-
toient pas prêts alors. Le tems que j'ai employé à
les raſſembler m'a ſervi à faire des réflexions ſur
cette Partie, ſur laquelle il n'y a eu (que je ſache) encore aucun Traité. Ces réflexions m'ont
conduit à tâcher de découvrir ce qui pourroit être
ajouté ou réformé aux Voitures à quatre roues,
pour éviter les inconvéniens & les défauts dont
je me ſuis apperçu : & comme la Berline eſt maintenant, & avec raiſon, la Voiture la plus en uſage, j'ai entrevû qu'il n'eſt pas impoſſible de remédier à pluſieurs imperfections qui s'y rencontrent, & même de mettre à leur place ce qui
pourroit approcher de la perfection. Je crois
avoir aſſez heureuſement réuſſi pour oſer me flat-

ter de ne m'être pas éloigné du but que je me fuis propofé. Si j'ai trop bonne opinion de moi à cet égard, je choifis un Juge refpectable qui me condamnera immanquablement en cas que j'aie donné dans le faux , ou qui m'encouragera fi j'ai réuffi.

Le premier défaut, & un des plus effentiels aux Voitures à quatre roues , eft la petiteffe dont on fait les roues de devant : & cela par plufieurs raifons , qu'il faut déduire. 1°. Le frottement du moyeu contre l'aiffieu eft plus ou moins fréquent, felon qu'elles font plus ou moins petites ; ce qui les ufe très promptement. A force de frapper près-à-près & fouvent fur le pavé ou fur un terrein dur & inégal , ces fréquents chocs en corrompent la circonférence , & les équariffent par endroits : ce qui les rend très rudes & fatigantes pour les hommes & pour les chevaux. 2°. De très petits obftacles, que les roues de derriere franchiront aifément , font très difficiles à furmonter aux petites roues. Une orniere un peu profonde les engloutit , & bientôt le moyeu laboure : il faut de continuels efforts de la part des chevaux pour venir à bout de franchir toutes ces difficultés , quelquefois même on ne peut les furmonter fans ajouter d'autres chevaux. Il y a des Pays où la terre s'attache aux roues & remplit les petites , de façon qu'elles ne peuvent plus tourner : auffi ne fauroit-on fe fervir dans ces Pays que de Voitures à deux roues. 3°. Les petites roues tenant l'avant-train

fort bas, & conféquemment les paloniers, le tira-
ge, qui eft le poitrail des chevaux, fe trouve bien
au-deffus : ce qui fait qu'indépendamment de faire
avancer la Voiture, il faut qu'ils fupportent la
peine qui réfulte de tirer de bas en haut, le tout
au détriment de leurs forces.

Qu'on ne s'imagine pas que les roues de derriere chaffent en avant les petites roues de devant :
c'eft tout le contraire ; car l'avant-train étant plus
immédiatement attaché aux chevaux, c'eft pour
ainfi dire le premier qui part & qui entame le
chemin. Il tire après lui les roues de derriere, qu'il
a fouvent même bien de la peine à remettre fur
la ligne, au moindre penchant. A l'égard du chemin parfaitement de niveau, elles ne peuvent faire, à caufe de leur grande circonférence, que
l'effet du volant, qui, en bonne méchanique, ne
fert de rien pour augmenter les vîteffes.

J'ai donc mis mes roues de devant précifément
égales à celles de derriere, non-feulement parcequ'elles décrivent le même cercle, mais encore
par plufieurs autres raifons.

La premiere eft, que l'aiffieu de devant étant
porté plus haut, il éleve tout l'avant-train, &
par conféquent le timon, la volée & les paloniers.
Cela étant, les chevaux tireront à la hauteur de
leur poitrail, & tous les inconvénients précé-
dents n'auront plus lieu, parcequ'alors la force
des chevaux ne fera point divifée, mais employée
toute entiere & en pur profit.

La seconde est, que les roues de devant franchiront les obstacles avec la même facilité que celles de derriere.

La troisieme, qu'il n'y a aura plus de précautions à prendre, ni de plates longes à ajouter aux harnois, pour empêcher que les cochers aient les jambes cassés par des chevaux rueurs. La hauteur de la volée les en garantira pleinement : car si un cheval rue, il s'attrapera immanquablement les jarrêts, ou les jambes à cette volée, par-dessus laquelle il ne pourra passer, & s'y donnera des coups qui doivent lui ôter la volonté de recommencer, & peut-être le corriger pour toujours de ce défaut.

Avant que de quitter l'avant-train, il est bon de faire mention du siége du Cocher, qui par mon arrangement ne sera pas plus haut de terre qu'il l'est aux Berlines ordinaires, c'est-à-dire à cinq pieds quelques pouces ; mais qui, au lieu d'être une longue banquette en travers, au milieu de laquelle le Cocher s'assied, sera une espece de selle bien rembourrée, où il se mettra jambe deçà & delà. Il s'y trouvera très commodement, & aussi ferme que s'il étoit à cheval. Cette réforme du siége a encore d'autres avantages : le Cocher ne risquera plus d'être jetté hors de son siége par des heurts ou des cahots, il n'aura qu'à serrer les cuisses ; & les Maîtres y gagneront en ce que leurs chevaux auront toujours un conducteur & ne seront point abandonnés à eux-mêmes : circonstance d'où dépend la vie de l'un & des autres. De plus la Voiture ne sera point barrée, & la vûe de ceux qui sont dedans aura de chaque côté du Cocher une échappée pour voir les chevaux & les autres objets.

Au lieu du nœud que Monsieur de Chenonceau fait faire aux traits pour qu'ils n'écorchent pas les cuisses des chevaux. J'ai imaginé un Chaînon dont je donnerai la structure ci-après.

J'ai décidé, dans mon projet, qu'on entreroit dans la Voiture par derriere, pour des raisons que je donnerai bientôt : alors je n'ai plus été embarrassé de la situation des brancards & des soupentes.

Comme jusqu'à présent les personnes qui ont voulu rendre les petites roues plus hautes, ont toujours conservé les entrées par les deux côtés de la Voiture, ils n'ont pû trouver d'autre moyen pour les faire passer sous les brancards & sous les soupentes, que ceux de ceintrer les brancards par des arcs considérables, & d'attacher les soupentes hautes pardevant ; lesquelles ne peuvent s'étendre, puisque de cette hauteur il faut qu'elles gagnent le dessous de la Voiture. En suivant cette idée, il me faudroit, pour laisser passer mes roues, les supposant de cinq pieds, un arc immense qui auroit un air lourd, & qui commenceroit quasi au marchepied de côté. J'ai pris toute une autre route. Je ne me sers que de brancards très peu arqués comme ils l'étoient ancienne-

ment, mais je les éleve depuis l'aiſſieu de derriere, juſques vers le haut des moutons de devant,
de maniere que mes grandes roues de devant
puiſſent braquer deſſous.

La ſituation des foupentes s'éloigne encore
plus ici de l'uſage ordinaire : celles-ci embraſ-
fent la Voiture par le milieu, à la maniere des brancards de Litiere. Voici leur chemin du devant
au derriere. Des taſſeaux, ou manchettes, attachés au haut des moutons auxquels elles ſont bredies, elles vont paſſer ſous une poulie arrêtée au
pied cornier de devant; delà, coulant ſous la glace de côté, elles trouvent une poulie pareille, au
pied cornier de derriere, ſous laquelle ayant encore paſſé, elles roulent ſur une troiſieme poulie
ſoutenue par des conſoles, dont les pieds entrent
dans les brancards vers l'aiſſieu de derriere : delà
elles vont ſe rendre aux crics qui ſont ſur les empanons. Il eſt aiſé de connoître, à cette deſcription, qu'il eſt impoſſible que ces foupentes ſoient
larges & plates, il les faut abſolument rondes,
ſoit de deux ou trois cuirs étroits, l'un ſur l'autre,
ſoit de corde de chanvre, de nerfs, ou à boyau.
C'eſt à ces dernieres que je donne la préférence,
comme aux plus fortes de toutes les cordes qui
ſe fabriquent, & qui ont le plus de reſſort. On
les graiſſe avec du ſavon, & on les recouvre avec
des fourreaux de cuir graiſſés en dedans ; il faut
qu'elles ſerrent un peu la Voiture en l'embraſſant :
ce qui ſervira de guindage pour adoucir les coups
de côté.   Voici

Voici quels font les avantages de cette suspension. 1°. On conçoit la commodité d'avoir des
cordes pour soûpentes, par la facilité d'en porter
de rechange avec soi, ou d'en trouver aisément
en voyage. 2°. Celles-ci ont leur jeu dans toute
leur longueur, au moyen de quoi la Voiture en
devient plus douce. 3°. Le poids qui sera dans la
Voiture se trouve au-dessous de la suspension, ainsi très peu de vibrations haut & bas, par consé-
quent douceur à la Voiture, qui, prise par son milieu, devient *inversable*.

Passons maintenant au train de derriere.

Afin de n'avoir pas plus haut (& même pas si
haut) à monter qu'aux Berlines les plus aisées,
je coude l'aissieu de derriere d'environ quatre
pouces. Par ce moyen le marchepied est aux environs d'un pied & un peu plus de terre : delà on
monte huit à neuf pouces sur un plancher à l'Allemande, au bout duquel est la portiere par laquelle on entre dans la Voiture.

Si l'on trouvoit extraordinaire & peut-être même extravagant d'entrer dans une Voiture par derriere, je dis qu'il en a dû être de même d'y entrer par devant : & si aux premieres Voitures inventées dans l'Univers on entroit par devant, il a
dû paroître également singulier d'y entrer par les
côtés. On entre actuellement dans les Chaises à
deux roues par le devant ; aux Chaises de Poste,
on a haut à monter, & on va se mettre à sa place, ployé en deux, & en reculant. Cependant la

N

chose a si bien prévalu, qu'elle paroît maintenant toute simple : on y entre sans murmurer, & on recule sans s'en offenser. J'espere que ma façon d'entrer aura le même sort : & mon espérance est d'autant mieux fondée, que ses avantages plaideront pour moi. Personne n'ignore les funestes accidents qui sont arrivés assez souvent à ceux qui se fioient trop aux portieres, qu'ils croïoient fermées, & qui se sont subitement ouvertes, ou à ceux qui se sont jettés par les portieres quand les chevaux ont pris le mors aux dents. Dans ces deux cas, la roue de derriere arrive dans l'instant, & si vous ne vous trouvez pas au-delà de sa portée, elle vous écrase, ou le moyeu vous brise. Or par ma façon d'entrer, vous êtes hors du rouage, vous montez sans crainte, vous descendez tranquillement ; & si les chevaux s'emportent, vous êtes aussitôt à terre, & la Voiture vous quitte sans que vous ayez couru le plus petit danger. Cet avantage ne paroîtra pas un des moindres à bien des personnes qui prévoient les accidents, avec grande raison.

Le dedans de ma Voiture est différent de celui des autres, & n'en sera que plus commode. S'agissant donc d'y entrer par derriere, les deux places du fond sont nécessairement séparées ; mais elles le seront par un intervalle suffisant pour passer entr'elles : elles remplissent les deux encognures. J'aurois pû aux Berlines à quatre places mettre les deux de devant contigües : mais l'agrément d'être chacun dans sa place en particulier a prévalu, de façon que j'eſtime cet arrangement par-deſſus tout autre. Perſonne ne ſe gêne pour ſon voiſin. Les genoux des quatre perſonnes aſſiſes ſe trouvent au milieu : & chacun eſt ſeul en ſa place, comme on l'eſt dans une chambre aſſis à part ſur des fauteuils. On peut même attacher un ſtrapontin pour des enfans à chaque côté, où étoient ci-devant les portieres : il s'y trouvera aſſez d'eſpace.

Comme cette Voiture ſera fort roulante, on pourroit croire que les chevaux auroient plus de peine à monter une montagne qu'avec les Voitures ordinaires. Mais qu'on ſe reſſouvienne qu'ils peuvent employer ici toutes leurs forces en pur profit, comme je l'ai démontré ci-devant : ainſi, du moins, la choſe ſera égale. Il pourra n'en être pas de même à une deſcente un peu roide : c'eſt ici où les petites roues peuvent avoir quelque avantage, (auſſi eſt-ce le ſeul) parceque leur effet eſt d'aterrer & de retarder la Voiture. C'eſt pourquoi comme il eſt toujours prudent d'enrayer, ce ſera dans ces occaſions qu'il faudra le faire ; d'autant plus qu'en général les chevaux retiennent plus difficilement, qu'ils ne tirent ; comme il eſt vrai auſſi qu'ils ont moins de force pour reculer que pour avancer.

J'aurois pû faire un détail plus long & plus circonſtancié : mais outre que les diſcours trop étendus ſont ennuyeux, les Eſtampes en diſent plus en un coup d'œil, que les plus grands détails : d'ail-

N ij

leurs les Connoiffeurs entendent à demi mot ; &
pour apprendre aux autres, ce que ceux là ont
acquis, des Volumes d'explications fuffiroient à
peine.

Comme cette Voiture peut très bien fervir
pour voyager, & que c'eft même où tous fes avantages feront employés, on y fait une cave comme aux autres Berlines. Les quatre petits coffres
des quatres fiéges ferviront auffi. Le porte-manteau peut fe mettre fous le fiége du Cocher. Quant
aux malles, comme leur place fera de trois pieds
de long, fur autant de large, efpace confidérable, féparé en deux par l'aiffieu de derriere ; elles
fe mettront fous le plancher qui leur fervira de
couvercle ; & attendu que ces malles ou caves feront immobiles & peu profondes, vû leur grande
étendue, on peut avoir des boîtes fans couvercle qui entrent jufte dedans ; on les couvrira avec
les portes ou trapes qui forment le plancher, le
tout doublé & bien couvert de cuir.

Parmi les commodités de cette Voiture, il s'en
trouve encore quelques-unes, qui peuvent avoir
leur mérite dans les occafions : par exemple, lors
qu'une cour n'eft pas difpofée de façon qu'un Caroffe puiffe approcher de la porte de la maifon ou
de l'efcalier, à caufe qu'étant attellé, il occupe
par les côtés avant la portiere dix-huit ou vingt
pieds de terrein, il faut donc defcendre dans la
cour plus ou moins loin, & effuyer la pluie & le
vent, jufqu'à ce qu'on fe foit mis à l'abri : au lieu

que notre Voiture n'a qu'à reculer contre la porte
ou l'efcalier ; elle n'occupe dans ce fens que fix
pieds d'efpace , & vous êtes tout de fuite à couvert.

Il étoit néceffaire de fermer ma portiere avec
clef & ferrure, de peur du vol des couffins , ou
d'autre chofe qu'on peut laiffer dans un Caroffe.
Quand on en eft forti & que les Laquais vous ont
fuivi , fi la Voiture demeure dans la rue ou dans
quelque autre lieu public , alors le Cocher reftant
fur fon fiége ne peut pas s'appercevoir de ce qui
fe paffe derriere : il réfulte , de cette néceffité de
fermer la portiere à clef, un avantage dont je vais
parler , après avoir indiqué l'effet de la ferrure que
j'ai imaginée : c'eft une petite ferrure qui ne fait
que le demi-tour. Elle a un bouton à olive doré
& fculpté ; il eft en dedans , & refte toujours à la
ferrure : ainfi le Maître peut l'ouvrir. Un bouton
pareil eft en dehors : celui-ci s'ôte quand on veut ,
il eft la clef de la ferrure ; & pour que cette clef
ne forte pas d'elle-même, ce qui arriveroit fans
doute par le mouvement du Caroffe , un petit reffort en dedans de cette ferrure l'empêche de tourner fur elle - même & la tient affez ferme ,
pour qu'elle ne balote point, le Laquais cependant la fait fortir aifément quand il veut. Alors la
portiere eft fermée , & ne peut être ouverte. Le
Cocher a dans fa poche une pareille clef à fimple
anneau , & j'en ai un troifiéme en cas de befoin.
Ceci a encore un agrément pour les Maîtres qui

souffrent avec peine que leurs domestiques se mettent dans le Carosse quand il n'y sont pas, chose qui déplait aussi aux Cochers qui ont bien soin de leurs équipages. Quand le Maître renvoie son Carosse, il n'a qu'à demander le bouton (qui est la clef) au Laquais, le mettre dans sa poche, il sera bien rare que le Cocher lui prête sa clef. Quand le Carosse revient vous chercher, & que vous allez monter en Carosse, vous rendez le bouton au Laquais, avec lequel il ouvre la portiere : on ne peut pas faire la même chose aux Carosses ordinaires, parcequ'il y auroit deux portieres à fermer.

REMARQUES.

On peut mettre des ressorts à ces soupentes.

On peut avoir de fausses Soupentes, & des Soupentes de rechange.

On peut ajuster les siéges de toute autre maniere que de la mienne.

RECAPITULATION

Des Inconvéniens dont on a parlé, & des Remedes dont on s'est servi.

PREMIER.

LE timon & les paloniers des Voitures actuelles trop bas : les petites roues atterent la Voiture, s'usent très vîte à cause des frotemens : les chevaux perdent beaucoup de leur force.

Remede.

Le timon & les paloniers élévés à la hauteur du poitrail des chevaux, ce qui leur rend toute leur force ; les roues de devant égales à celles de derriere, & conféquemment auffi roulantes.

II.

Le Cocher en danger d'être jetté à bas de fon fiége, ou dans fes chevaux, par heurts ou cahos ; n'ayant aucun efpece d'appui, il rifque d'être dangereufement bleffé ou de périr, ce qui laiffe les chevaux à l'abandon & maîtres de prendre le mors aux dents.

Remede.

Le Cocher, jambe deçà & delà, fe tiendra des cuiffes comme un homme à cheval : de plus il eft entouré du haut de l'avant-train.

III.

Le danger pour le Cocher d'avoir les jambes caffées, par les ruades de fes chevaux.

Remede.

Les chevaux qui rueront, ne pourront paffer la volée à caufe de fon élévation ; ils s'y attraperont les jarrêts ou les jambes, ce qui les fera retomber, & pourra bien les corriger de ce défaut.

I V.

Le balancement de la Voiture en tous sens, ce qui la rend sujette à entraîner le train du côté penchant, étant prise & suspendue par-dessous.

Remede.

Le poids est au-dessous de la suspension; & comme les Soupentes servent en même-tems de Guindage, la Voiture sera très douce & *inver-sable.*

V.

Il n'arrive que trop communément que les portieres de côté s'ouvrent, & que les enfans ou autres personnes, tombés par leur ouverture, se sont tués ou blessés.

Remede.

Point de portieres aux côtés, ainsi nul danger.

V I.

Plusieurs personnes, effrayées, ont fait la faute de sauter par les portieres, quand les chevaux ont pris le mors aux dents : ceux que la roue de der-riere a atteints n'en sont communément pas reve-nus.

Remede.

La sortie étant par derriere, on n'a plus de roues à craindre.

Après

Après avoir imaginé cette Voiture fur les principes que je viens de détailler, il a fallu fonger à l'exécuter : & pour favoir fi la chofe réuffiroit en grand, un modele étoit néceffaire. Il a donc été fait, & fi bien exécuté, que je n'ai pas attendu qu'il fût tout-à-fait terminé, pour commander une Berline coupée, que j'ai fait conftruire fur mon fyftême. Le modele en petit eft une Berline à deux fonds : il faut avouer qu'elle eft plus gracieufe à la vûe. Ma nouvelle Voiture achevée m'eft venue trouver pour la premiere fois à la Campagne, fur la fin d'Octobre : c'eft-là où je l'ai effayée jufqu'au commencement de Janvier de cette année : depuis ce tems je roule avec elle dans Paris. J'ai eu l'honneur de préfenter mon modele à l'Académie des Sciences, qui m'a fait celui de l'approuver. Mais comme parmi ceux qui ont vû ma Berline dans Paris, quelques-uns y ont trouvé quelques difficultés qui m'ont été propofées, je vais tâcher de les refoudre.

PREMIERE DIFFICULTÉ.

On a dit premierement que le Cocher ne pouvant monter fur fon fiége, qu'en mettant d'abord le pied fur le trait, enfuite fur la volée, puis enfin fur fa coquille, il étoit en danger, fi dans ce moment le cheval avançoit, ruoit, ou reculoit.

Réponfe,

Les perfonnes qui ont pû propofer cette diffi-

O

culté ne doivent pas être gens fort ingambes : par
bonheur les Cochers ne font pas de ce nombre.
Mais pour répondre plus immédiatement à la quef-
tion, je commencerai par dire que quelque vif
que foit un cheval, fon palfrenier le panfe, tourne autour de lui, le manie par-tout : on le ferre,
on lui fait les crins, &c. Les chevaux difficiles à
ferrer, à brider & à faire les crins, le font par
d'autres raifons que par leur vivacité. Lors donc
qu'un cheval vigoureux & vif eft attelé à une
Voiture, il refte ordinairement affez tranquille,
quand on ne lui demande rien : il peut même pié-
tiner en fa place, fans danger pour le Cocher. S'il
eft vicieux, ou qu'il ne foit pas encore dreffé, il
n'attendra pas pour partir, ruer, ou reculer, que
le Cocher lui mette la main fur la croupe pour
s'aider à monter fur fon fiege, & même il s'arrê-
teroit plutôt à fa voix & à fon toucher, que pour
tout autre ; c'eft une chofe d'experience : donc
auffi-tôt que le Cocher aura pofé le pied fur le
trait, & la main au harnois vers la croupiere,
fi par hafard le Cheval avance, il tend le trait &
éleve le Cocher vers fon fiege, où il eft bientôt
arrivé : s'il rue, il aide encore au Cocher à monter & à fe faifir de fes guides ; en cela le Cocher
ne coure encore aucun rifque, attendu qu'il fe
trouve trop près du cheval pour pouvoir en être
attrapé ; s'il recule, le Cocher pourra encore
monter avec un peu plus d'effort, parceque le
trait fera lâche, mais du moins il n'appréhendera
pas la roue de devant.

DEUXIÈME DIFFICULTÉ.

Cette nouvelle Voiture ne remédie pas aux coups de côté.

Réponse.

Je ne sache point jusqu'à préfent de Voiture qui en ait été préfervée ; on n'a jamais pû abolir les coups de côté : ceci eft notre Pierre philofophale. Mais mon expérience m'a afluré qu'à ma nouvelle Voiture ils font bien plus doux, tant à Paris qu'à la campagne, qu'à ma Chaife de pofte ; & qu'ils le feroient encore davantage fi mes cordes à boyau avoient un bon pouce de diametre, comme je les avois commandées, au lieu de dix lignes ; l'Ouvrier s'eft trompé, & je les ai prifes par pitié pour lui.

TROISIEME DIFFICULTÉ.

A cette Voiture, où il n'y a qu'une entrée & fortie par derriere, fi les chevaux du Caroffe qui fuit (dans un embarras où on eft arrêté) approchent trop, ils en bouchent la fortie ou l'entrée.

Réponse.

On avouera que comme il faut que les Laquais defcendent les premiers à quelque Voiture que ce foit, pour en ouvrir l'une ou l'autre portiere, fi les chevaux du Caroffe qui eft derriere font trop près, ils engageront le Cocher à reculer un peu pour leur laiffer le paffage libre, finon ils ne def-

O ij

cendront pas, alors les Maîtres font obligés d'attendre : enfin, foit pour defcendre ou pour monter, les Laquais favent bien fe faire faire place ; il faut, de même, en cas d'embarras (s'il y a une file de côté) que les Maîtres attendent que cette double file foit écoulée.

Mettons que le Caroffe de derriere aura reculé d'un pied & demi pour laiffer paffer les Laquais : un demi-pied de ventre de plus, du Maître aux Valets, cy deux pieds ; ajoûtez pour une Dame en panier, qu'elle foulevera & portera de côté, fuivant la coutume, pour ce un pied ; total, trois pieds, & tout le monde aura paffé. Il y a plufieurs mois que je ne me fers que de la nouvelle Voiture, & que je cours Paris, aux Spectacles & partout, je ne me fuis pas encore trouvé arrêté par cet inconvénient, lequel par conféquent n'eft pas fort commun. S'il m'étoit arrivé, j'aurois attendu.

QUATRIEME DIFFICULTE'.

Les Laquais font en danger d'avoir les jambes bleffées dans un embarras, ou dans une reculade, par des timons qui peuvent entrer fur le platfond de derriere, & le balayer.

Réponfe.

Les timons d'à-préfent, fur-tout ceux des Fiacres, levent le nez, ma Voiture nouvelle même a le timon fort haut : il y auroit fans doute moïen d'éviter cet inconvénient, en barrant avec des traverfes de bois fuffifamment hautes, le derriere

desVoitures;mais les Laquais feroient bien embar-
raſſés à franchir ces cloiſons pour monter & deſcendre. J'oſe avancer que j'y pourrois remédier
plus aiſément à ma Voiture ; mais c'eſt un accident qui, je crois, n'éſt pas ordinaire. Il n'eſt arrivé qu'une fois à mon Laquais d'être touché par un
timon, depuis pluſieurs années, & il ne la pas encore été depuis que je me ſers de la nouvelle Voiture.

REPRÉSENTATIONS.

IL ne me reſte plus qu'à repréſenter au Public,
1°. Que d'une choſe utile par elle-même, qui eſt
l'Enrênure à l'Italienne, les Cochersſont venus à
bout d'en diminuer le bon, & d'y ajoûter du deſagrément. L'avantage de cette enrênure eſt que le
Cocher peut aiſément conduire la bouche de chaque cheval à part, & ſans communication de l'un
à l'autre ; or comme toutes les bouches ne ſe reſ-
ſemblent pas, il peut ménager celui qui a la bouche ferme par des manœuvres différentes de celles
qu'il faut employer à celui qui l'a ſenſible ; voilà
l'utilité : mais ce qui y ajoûte du deſagrément, eſt
de tenir les longes de l'enrênure trop longues &
les chaînettes de timon, ce qui donne la liberté
aux chevaux de s'écarter ridiculement l'un de l'autre. Il eſt répugnant de voir des chevaux s'éloigner du but, qui eſt de tirer en avant, ſembler
vouloir abandonner le timon, tirer de travers,
tenir beaucoup plus de front, que de raiſon, &
ſe contrecarrer l'un à droite & l'autre à gauche,

au lieu de fe réunir pour la même fin.

2°. Le Cabriolet eft une chofe fort utile pour quelqu'un qui n'a qu'un cheval à nourrir & un Domeftique, parmi les devoirs duquel eft celui d'en avoir foin. On voyage très commodément, on eft débarraffé du porte-manteau, &c.; mais cette Voiture eft très dangereufe dans la Ville de Paris, par plufieurs raifons. La premiere eft que la plûpart de ceux, à qui le Cabriolet convient, n'ont aucune connoiffance des chevaux ni de la façon de les mener : deux circonftances plus férieufes qu'on ne croit, puifque la vie en dépend : il eft vrai que peu de gens fenfés s'y hafarderont, mais pour être jeune Téméraire, on n'en eft pas plus en fûreté. L'Ignorant fait un mauvais cheval d'un bon, il lui gâte la bouche, & lui tourne la tête de maniere que le pauvre cheval fouetté, harcelé, & mis hors de toute mefure (car on s'en prend toujours à lui) n'obéit pas à la volonté, parceque le Conducteur fait, fans le favoir, comme s'il vouloit l'en empêcher: enfin il recule, avance, rue, fe cabre, va à droite & à gauche, & finit par jetter la petite Voiture dans quelque danger évident, dont on ne fort qu'avec ruine & malheur. Mettez tout l'attirail d'une pareille Voiture au milieu d'un embarras de Paris, quelle cataftrophe n'en arrivera-t-il pas?

Je prends donc la liberté de repréfenter à ceux qui veulent fe fervir du Cabriolet, & qui font dans l'inexpérience des chevaux, & de les conduire, qu'ils doivent éviter, comme le feu, les embarras de Paris. A l'égard de ceux qui favent mener, ils y courront toujours le rifque de la fragilité du Cabriolet, qu'un rien peut réduire en canelle.

Quant à l'enrênure à l'Italienne, il feroit à defirer que les Cochers vouluffent bien rapprocher leurs chevaux l'un de l'autre, afin qu'ils tiraffent devant eux.

EXPLICATION DES ESTAMPES.

PLANCHE I.

Cette Planche eft compofée du profil de la Voiture nouvelle & de fon plan. Il eft bon d'avertir que lorfqu'on ne trouvera pas dans le profil les lettres indiquées, elles feront dans le plan; les parties qu'elles défignent n'ayant pû être exprimées dans le profil, & au contraire.

A Corps de la Berline, & glace de côté.

B Portiere de derriere, en retraite & faifant corps avancé.

d d d d &c. Soûpente de corde à boyau, corde de chanvre &c. allant du taffeau, ou manchette H au cric L. Cette foûpente roule fous la poulie de l'avant m, fous la poulie de l'arriere n, & fur la poulie de la confole o; les deux premieres font de bois de gayac, la derniere eft de cuivre.

VV Les aiffieux de devant & de derriere. Celui de derriere eft coudé en deffous de 4 pouces, pour tenir plus bas le plancher P.

D. Echantignole jointe au brancard, dont les bouts fervent d'empanons, fortifiés par l'arboutant coudé W, qui tient par en-haut à la confole o. Le plancher P eft pofé fur quatre traverfes, qui vont d'une échantignole à l'autre.

R. Caves ou malles fous le plancher.

MM. Siege du Cocher, en forme de felle plate. Ce fiege a fes pieds de fer derriere, fur la traverfe de fupport, ceux de devant traverfent la coquille, qui eft très peu panchée, à fon origine.

L'avantrain eft, comme à l'ordinaire, excepté que la coquille baiffe le nez bien davantage, que les taffeaux qui foutiennent les traverfes de fupport font plus hauts, à caufe de l'élévation des brancards, & que les armons font plus longs, afin que la volée fe trouve, comme à l'ordinaire, en avant des roues de devant.

TTTT. Les quatre fieges occupans les quatre coins de la Voiture.

Dans le Plan, Fig. 2. la longueur & largeur de la Voiture font prifes à la ceinture, c'eft-à-dire fous les glaces, afin qu'on voie mieux le chemin des foûpentes.

Figure 3. eft un trait, ou portion de trait qui atele les chevaux, attaché au palonier. 1 Bout du palonier. 2 Chaînon de cuir attaché au palonier horifontalement. 3 Chaînon du trait devenant vertical, pour couler ainfi le long de la cuiffe du cheval, de peur de le bleffer.

PLANCHE II.

Fig. 1.re

H   M

A

B

o

W

d   L

d

V   V   D

C   X

Fig. 2.

H

T   T

M   A   X

T   T

H

Fig. 3.

3   2   1

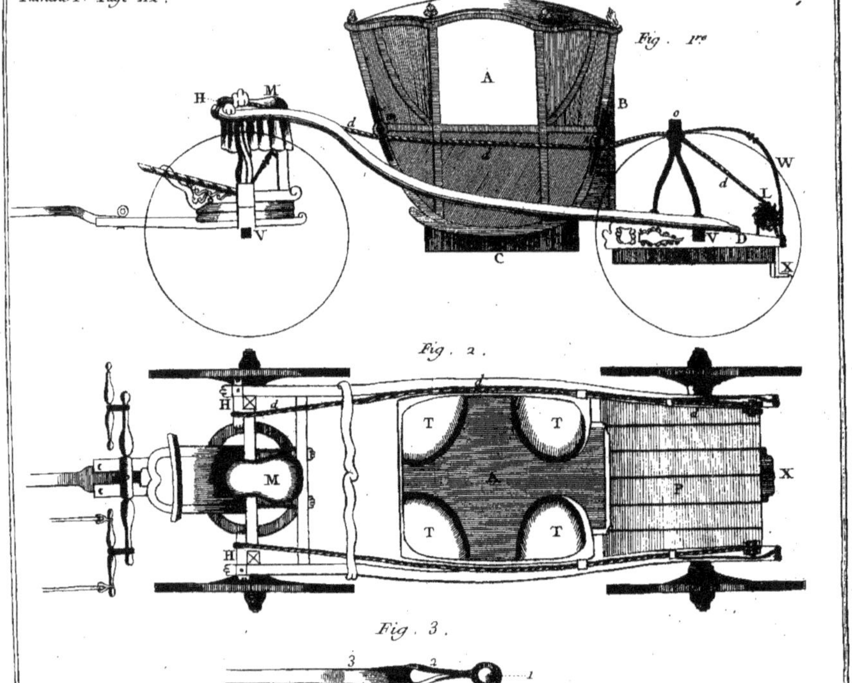

PLANCHE II. PROFILS.

Vûe de face.

A   Corps de la Berline, & glace de devant.

B   Siege du Cocher.

c c   Traverſe de parade.

D D Moutons.

E E Traverſe de ſupport.

F F Ses taſſeaux.

G G Taſſeaux des ſoûpentes ; ou manchettes.

Vûe par derriere.

A   Portiere.

B B Brancards.

D D Bouts des échantignoles ſervans d'empanons.

CCCC Soûpentes.

P   Plancher.

g   Marchepied.

R R Crics.

PROPORTIONS DE LA *VOITURE*, *dont le Modele a été préſenté à l'Académie des Sciences.*

TRAIN.

Les roues ont chacune 4 *pieds* ½ de diamétre.

Les brancards ont 11 *pieds* de long, depuis les moutons de devant juſqu'au bout des empanons, qui ne ſont pas de la même piece, comme il ſera dit ci-après.

Les diſtances d'un brancard à l'autre, & qui en feront connoître les renflemens, ſont 1°. de l'entredeux des moutons à la traverſe de ſupport, 3 *pieds* 7 *pouces.* 2°. Le renflement, depuis la naiſ-

P

fance du haut du coude des brancards jufqu'au milieu defdits brancards, 3 *pieds* 9 *à* 10 *pouces*. 3°. Au-deffus de l'aiffieu de derriere, 3 *pieds*.

Le brancard, au-deffus de la roue de devant, en eft à la diftance de 3 *pouces*.

Du milieu du lizoir, à la traverfe de la Voiture, qui joint pardevant & en-bas les deux brancards, la diftance eft de 3 *pieds* 4 *pouces* pour une Berline à quatre places ou à deux fonds ; mais elle eft de 3 pouces de plus fi c'eft une Berline coupée.

Le fiege du Cocher eft à cinq pieds quelques pouces de terre (le deffus s'entend); il eft pofé par derriere fur deux jambes de fer arrêtées fur la traverfe de fupport, & par-devant fur deux portans, dont les queues fervent à attacher la coquille aux fourchettes.

Les traverfes qui foutiennent le plancher derriere, font mortoifées dans les deux échantignoles dont le prolongement d'un pied au-delà des brancards forme les empanons fur lefquels les crics font arrêtés.

Le plancher paffe de 4 *pouces* par-deffous la portiere.

Les confoles de fer, qui foutiennent chacune une poulie, feront hautes depuis 22 *pouces* jufqu'à 2 *pieds*, & feront attachées au travers des brancards & des échantignoles.

CAISSE.

Depuis l'arrafement du brancard de la caiffe jufqu'à la corniche, le pied cornier de devant & celui de derriere ont plus uo moins, fuivant la

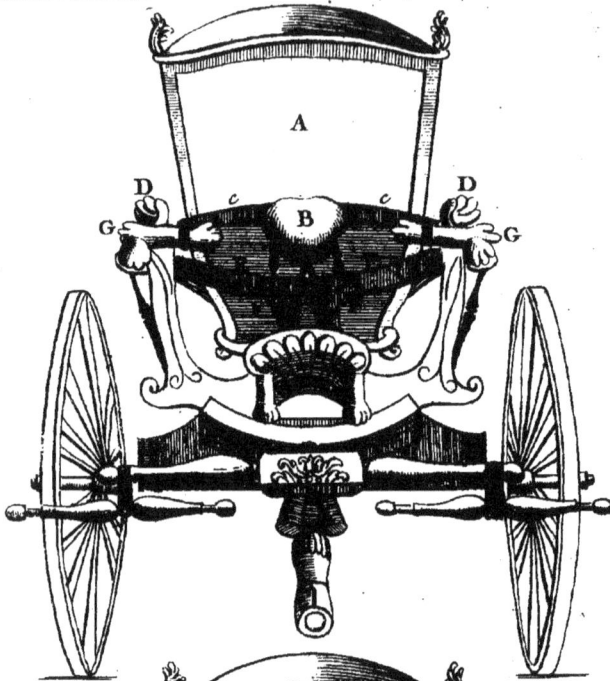

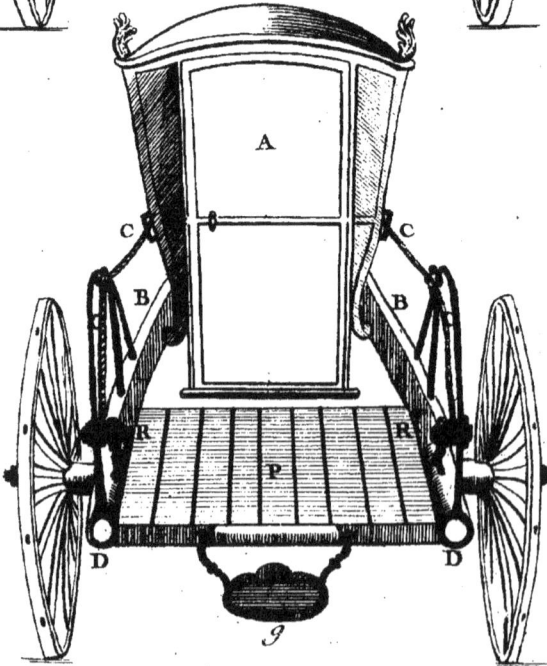

3

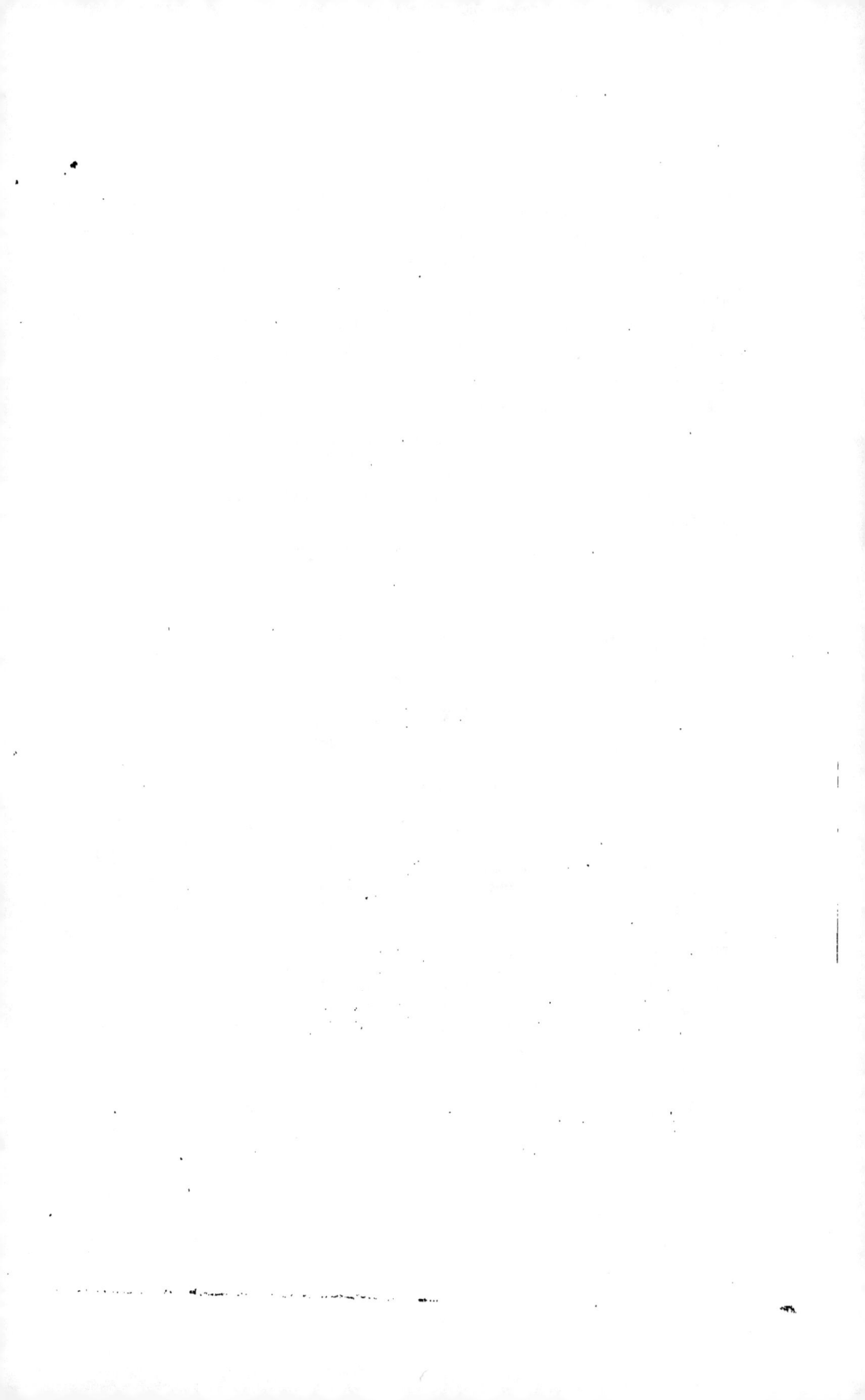

courbure qu'on voudra donner audit brancard ; mais les montans des côtés qui figurent les portieres, comme si elles exiſtoient, ont 4 *pieds* ÷ de haut.

La longueur de la Caiſſe, priſe à la ceinture, a 5 *pieds* ; la largeur du devant a 3 *pieds* 6 *pouces*, celle de derriere eſt de 3 *pieds* 8 *pouces*.

D'un montant des côtés, à l'autre, vers le devant où commence le renflement de la Caiſſe, 3 *pieds* 10 *pouces*, du montant des côtés à ſon oppoſé vers le derriere, 4 *pieds*. Toutes ces meſures ſont de dehors en dehors.

La portiere a 1 *pied* 10 *pouces* de large.

Le paſſage entre les deux ſieges de derriere au point du renflement, 9 *pouces*.

Profondeur des ſieges, 1 *pied* 2 *pouces*.

EXTRAIT DES REGÎTRES
de l'Académie Roïale des Sciences.

Du 8 Avril 1756.

NOUS, Commiſſaires nommés par l'Académie, avons examiné une Voiture, ou une eſpece de Berline, de nouvelle conſtruction, par Monſieur DE GARSAULT.

Le but que ſe propoſe l'Auteur eſt, 1°. de rendre les roues de devant égales à celles de derriere, & 2°. que les moieux ſoient à la hauteur du poitrail des chevaux. Les avantages qui réſultent de cette diſpoſition des roues ont été reconnus par nombre d'Auteurs, mais ſurtout par MM. *des Camus* & *des Aguilliers*, qui ont fait des expériences directes ſur ce ſujet. La diſpoſition de la Voiture de M. de Garſault eſt tout-à-fait conſtruite relativement à ces deux objets. L'on ne peut conſerver la facilité de tourner avec de grandes roues de devant, qu'en élevant les brancards ; & ſi la Voiture s'ouvre par le côté, en élevant la Voiture au-deſſus des brancards. Ce moïen eſt impratiquable par la hauteur prodigieuſe où ſeroit la caiſſe. Le ſecond moïen, ſeroit de cambrer les brancards ; mais outre qu'il faudroit qu'ils le fuſſent prodigieufement, & que cela rendroit le train trop lourd, il faudroit toujours que les foupentes fuffent affez élevées pour laiffer paffer la roue de devant, & par conféquent la caiffe de la Voiture feroit encore finguliérement élevée. M. de Garfault, pour venir au but où il tendoit, vit bien qu'il falloit tomber dans les inconvéniens que nous venons de décrire, ou renoncer d'entrer par le côté des Voitures; il s'eft déterminé de faire entrer par le derriere de la caiffe. Les brancards font par-là prefque droits, les roues paffent fous les foupentes, la caiffe eft enfermée dans les brancards; & les foupentes la foutiennent vers fon milieu, comme dans les Litieres; elles tiennent dans des poulies attachées aux quatre montans de la caiffe; par-là on a le reffort de toute la longueur des foupentes ordinaires; elles font attachées par derriere à des montans de fer, élevés fur les brancards à la hauteur de la roue, afin que les foupentes foient horifontales: des courroies de guindage empêchent la Voiture de rouler fur les foupentes qui fervent de guindage elles-mêmes pour le bercement de la Voiture. Le Cocher n'eft pas plus élevé que dans les Voitures ordinaires, il eft à cheval, comme dans les Wourft, efpece de Voiture Allemande; par-là il eft plus en fûreté, étant appuié fur des roues plus hautes; & le Cocher étant refté à la même diftance du pavé, il fera moins fecoué.

La Voiture eft moins pefante, plus douce & plus fûre que les autres; fi les chevaux prennent le mors aux dents, on peut aifément fortir de cette Voiture fans craindre les roues; accident rare à la vérité, mais qui cependant arrive. On pourra trouver qu'il eft incommode d'entrer par derriere la Voiture: cela pourra avoir lieu à Paris; mais pour la Campagne & les villes de Province, cela ne fauroit faire de difficulté. Le marche-pied mene fur un palier d'où on entre très facilement; les Domeftiques font fur ce Palier, prêts à aider à monter & à defcendre. Nous croions que cette Voiture, par fa légereté, par fa fimplicité & par fa commodité, mérite, à plufieurs égards, l'approbation de l'Académie: Nous devons cependant avertir ici que M. le Duc de Chaulnes avoit fait faire il y a quelques années un Modele de Voiture de Campagne fur ce principe; mais M. de Garfault n'a vû ce Modele que lorfque la Voiture étoit prefque finie. Il n'eft pas rare de voir deux Auteurs fe rencontrer ainfi. *Signé*, Dortous de Mairan, le Chevalier d'Arcy.

Je certifie le préfent Extrait conforme à l'Original, & au jugement de l'Académie. A Paris, ce 20 Mai 1756.

Grandjean de Fouchy, *Secretaire perpétuel de l'Académie Royale des Sciences.*

On trouvera le Privilege à la fin du Nouveau Parfait Maréchal.

De l'Imprimerie de DIDOT.

www.ingramcontent.com/pod-product-compliance
Lightning Source LLC
Chambersburg PA
CBHW050007100426
42739CB00011B/2545